将来的你
一定会感谢现在拼命的自己

沉白 著

中国出版集团 研究出版社

图书在版编目（CIP）数据

将来的你一定会感谢现在拼命的自己 / 沉白著 . --

北京：研究出版社，2017.10

ISBN 978-7-5199-0230-8

Ⅰ . ① 将… Ⅱ . ① 沉… Ⅲ . ① 成功心理 - 通俗读物

Ⅳ . ① B848.4-49

中国版本图书馆 CIP 数据核字 (2017) 第 259936 号

出 品 人： 赵卜慧
责任编辑： 张　璐

将来的你一定会感谢现在拼命的自己
JIANGLAIDENIYIDINGHUIGANXIEXIANZAIPINGMINGDEZIJI

作　　者： 沉　白 著
出版发行： 研究出版社
地　　址： 北京市朝阳区安定门外安华里 504 号 A 座（100011）
电　　话： 010-64217619　64217612（发行中心）
网　　址： www.yanjiuchubanshe.com
经　　销： 新华书店
印　　刷： 北京市俊峰印刷厂
版　　次： 2017 年 11 月第 1 版　　2018 年 6 月第 2 次印刷
开　　本： 880 毫米 ×1230 毫米　　1/32
印　　张： 8 印张
字　　数： 135 千字
书　　号： ISBN 978-7-5199-0230-8
定　　价： 36.80 元

前　言

◀ ◁ ◁

　　我们总是在失去以后才开始追悔莫及，譬如那个当初深爱你的人，还有那不断流逝的光阴。

　　光阴，一步步，一程程，永不回头。它最快而又最慢，最长而又最短，最平凡而又最珍贵，最容易被忽视而又最令人后悔。它总是在我们不知不觉时悄然离去，而我们往往在它离去以后才陡然发觉，留给自己的光阴已然所剩无几。

　　时间是世界上一切成就的土壤，给懒惰者痛苦，给创造者幸福。我们不能让时间既蹉跎了我们的脸，又荒废了我们的命。

　　我们原本可以活得更好，原本可以让自己对自己刮目相看，可未曾在当下做出足够的努力。那些所谓的痛苦和磨难，那些我们自己找的借口和理由，一点一点地消耗了我们的拼劲儿，导致我们现在越来越平庸，将来可能会被逐渐埋没在人海，最终或许死于一事无成。显然，毁掉我们的不是什么社会，正是我们自己，是我们在可以起舞的日子，彻底辜负了生命。

　　其实，每个人都潜能无限。我们的大脑好像一个沉睡的巨人，多数人只用了不到 1%。在我们的身体和心灵里面，有一种永不腐蚀的东西，那就是潜在的巨大能量。这种能量只要被唤醒，即便在最卑微的生命中，也能像酵素一样，对身心产生发酵、净化的作用，增强人的力量。

但生于忧患，死于安乐。想想过去，多少事因为怕苦而被耽搁，又或顾虑太多不敢涉足，一次次与机会擦肩而过？后来叹息又有何用？能力，只有在痛苦中磨炼，在体验中积累，才会逐渐壮大。我们却因为各种因素不给自己体验的机会，这对自己看似是保护，却是另一种形式的扼杀。

现在，是时候站起来了。不管前方的路多么坎坷，我们都要做好一个人面对的准备。或许，那一路上的荆棘，风口浪尖上的碎珠溅玉，都会让我们有些惊悸。但不管怎样，生而为人，只要身处低谷时，心依然在高处，就一定可以捕捉机会，应对命运的变数，改写命运的结局。

人生这条路，我们必须拼了命地前行。只有竭尽全力，我们才能不辜负生命的来之不易，再回头才能感受到那份快乐，享受那份成功后的喜悦。这一刻来自别人的掌声，永远地抵消了我们之前的痛苦，遗忘了那些看轻我们的人。

目 录

▲◁ ◁

第一章

你之所以过得不好，是因为你从没真正拼过 / 001

今天的选择和所持有的生活态度，将决定你成为一个什么样的人。如果你不努力拼搏，谁也给不了你想要的生活。如果说成功有一定的标准，那就是竭尽全力——"做最好的自己"。

第四章

要对自己狠一点，生活终将为你的"自残"点赞 / 064

令你景仰的那些成功者，其实都是狠人。他们不仅对成功有狠心，对自己尤其能够下狠手。正是那种"咬碎钢牙和血吞""不达目的死不休"的狠劲，才给了他们今天的风光和人前的荣耀，而这种狠劲，现在正是你所需要的。

第五章

长大不成人，是对生命的亵渎 / 089

人，谁都想依赖强者，但冷酷的现实会告诉你，真正能够依赖的只有自己。倘若不能独立成长，将是生命最大的无能。现在，没有什么比你找到自己的解决之道更重要的，此刻你所需要的是——独自地站到人生转折的起点上去。

第六章

平凡如你我，不妨心怀风骨的传奇 / 111

苏格拉底说："每个人身上都有太阳，只是要让它发出光来。"不可否认，条件性的限制给了我们一定的制约，甚至让我们一时无法挣脱。但平凡并不注定平庸，不平凡的人都是在平凡的时候，做着不平凡的努力。

第七章

永远都让自己相信，美好的事情即将发生 / 135

干任何事情都需要有一股劲，有一种精神，这种精神和劲头就是信念和激情。信念与激情是一种潜动力，看不见摸不着，却比物质具有更强大的驱动力。对于个人，它可以改变一个人的人生轨迹。

第八章

在灰烬中昂扬前行，每走一步都是出路 / 157

生命的起点只有一个，而人生的起点可以有很多个。人生不是一只细瓷碗，破碎了就不能再弥补；人生其实是朵花，谢落了还可以再开放。把握好现在，在艰难困苦中昂扬前行，每一天都是我们的新起点，每一步都是我们的新出路。

第九章

就算跌落在尘埃里，也要不慌不忙地坚强 / 185

把人生的成败全部归咎于命运，这是可耻的行为。命运，不过是失败者无聊的自慰，不过是懦怯者的解嘲。人们的前途，最终由自己的意志和努力来决定。我们努力得越超常，获得的也就越丰硕。

第十章

拼到死，方停止，有一种努力叫死而无憾 / 215

人活着，不要只是"过一生"。我们应该相信，自己是能够成功的，因为我们生来就是为了成功的。冥冥之中你这么认定，心底就会有这样的一种声音时刻响起，只要心中有梦，而且还有矢志不移的行动，若干年后，你也可能是第二个马云、俞敏洪

第一章 ○

你之所以过得不好，是因为你从没真正拼过 ●

今天的选择和所持有的生活态度，将决定你成为一个什么样的人。如果你不努力拼搏，谁也给不了你想要的生活。如果说成功有一定的标准，那就是竭尽全力——"做最好的自己"。

■ 对于不愿拼命的人来说，梦想终究只是梦想

梦想是美丽的，我们都曾为它充满激情。一个没有梦想的人生是失败的，这比贫穷更加可怕。然而，在追逐梦想的道路上，有的人失败了，有的人放弃了，有的人甚至还未踏上这条路就已经打了"退堂鼓"。

追逐过梦想的人，哪怕最终失败了，徒留不甘心，却至少没有遗憾。可悲的是那些尚未看到结果就放弃、折返的人，他们永远不会知道，在追逐的尽头，等待他们的究竟会是失败，还是梦寐以求的成功。当然，每个放弃自己梦想的人都有各种各样的理由，有的是无奈，有的则甚是可笑。一个想成为歌唱家的人，却因不可避免的意外而失去了声音，梦想的破碎令人叹惋；一个想做记者的人，却因家人的反对而进了事业单位，梦想的破碎实在让人同情不起来；一个想成为明星的人，除了整天把自己打扮得花枝招展，梦想被"有眼光"的星探发现之外，没有任何的努力与付出，梦想破碎难道不是理所当然的吗？

如果你也曾有过梦想，却最终难逃镜花水月，那么在感叹和悲伤之前，先想一想你的梦想是如何破碎的呢？你曾为你的梦想付出过什么？你曾为你的梦想努力过什么？如果你只是按部就班地像所有人那样生活，如果你只是把实现梦想的希望寄托于命运与机遇，那么就停下你的悲鸣吧。你的梦想不曾实现，是理所当然的。

休斯·查姆斯是一个睿智而富有激情的人，他在担任"美国国家收银机公司"销售经理期间，曾发生一次尴尬事件。当时，该公司遭遇财政危机，极有可能导致他手下上千名员工集体失业。此事不知怎的被销售员们知道了，他们因此失去了工作热情，开始敷衍了事。

公司的销售额迅速下滑，并到了愈演愈烈的局势。销售部门不得不召开全体员工大会，查姆斯先生主持了这次会议。会议开始后，他先请几位曾经的销售尖兵谈谈业绩下跌的原因。他们每个人都有一段理所当然的悲惨遭遇：市场大环境疲软、没有足够资金进行促销、人们希望大选结果揭晓后再买东西等。

当第五位销售员开始讲述自己遇到的种种困难时，查姆斯突然登上了会议桌，他高举双臂，然后说道："诸位，我宣布大会暂停 10 分钟，请允许我把皮鞋先擦亮。"这时，他召唤坐在附近的一位黑人擦鞋匠，请这名工友帮他把鞋子擦亮，而他就站在会议桌上一动不动。

在场的销售员们都惊呆了，有些人以为查姆斯气急攻心，发了神经，有些人则开始窃窃私语。但是那位黑人工友却丝毫不受大家议论的影响，专心致志地工作着，整个过程都表现出一流的技巧。皮鞋擦完之后，查姆斯给了那位工友 10 美分，然后说道："我希望你们每个人都好好看看这个小伙子，他得到了在我们整个工厂及办公室里擦皮鞋的特权。在他之前，做这项工作的是位白人小伙，年纪比他大。尽管公司每周补贴他 5 美元的薪水，而且我们公司有数千名员工，但他仍然无法赚到基本的生活费用。而现在的这位小工友，他不需要公司补贴，就可以赚到相当不错的收入，每周都能够存下一些钱来，尽管他和他的前任工作环境以及工作对象完全相同。那么，现在我想问问大家，之前那位工友赚不到更多的钱，是谁的错？是他的错，还是他的顾客的错？"

"当然是他的错！"销售员们异口同声地大声回答。

"正是如此。"查姆斯说，"现在我想说的是，你们现在工作的大环境和一年前相比，几乎没有变化：同样的地区、同样的对象，以及同样的商业条件。然而，你们的销售业绩却一落千丈，这是谁的错？是你们的错，还是顾客的？"

"当然是我们的错！"销售员们给予雷鸣般的回答。

"我很高兴，你们愿意坦率承认自己的错误。"查姆斯继续说，"现在，我要告诉你们，你们的错误在于，当听到关于公司财政危机的谣言以后，你们的工作热情衰退了，你们不再像之前那样努力了。事实上，只要你们回到自己的工作岗位，并保证在 30 天之内每人卖出 5 台收银机，那么，公司的财政危机就解除了，而你们也将获得很大的收益。你们愿意这样做吗？"

"当然愿意！"大家又是异口同声，后来也果然办到了。那些他们曾经强调的种种困难统统消失了，在下一个月，所有销售员都超额完成了任务。

很多时候，我们会为自己的失败找理由，责怪社会，责怪家庭，责怪命运，责怪运气……但实际上，真正让我们走向失败的，只是我们自己而已。所有为失败寻找的理由，不过是平庸者对自己不思进取的粉饰，对于不愿尽力的人来说，梦想终究只是梦想。

一个人每天有 24 小时，对于勤劳奋进的人而言，每一秒带来的都是智慧和收益；而对那些只会说空话的懒散者来说，每一秒留下的都是空想和悔恨。习惯了懒惰的人总是在不甘中堕落，在责怪中逃避，然而，失败已成定局，再如何叫嚣也不会有任何意义。

世界从不曾为难你，但世界也绝不会无缘无故地给你优待。面对破碎的梦想，忙着去责怪任何人之前先好好想想，你究竟曾为了它付出过什么，你的付出是否对得起你的渴望。

■ 你不去拼，怎么知道自己就不行

有人曾经说过，在这个世界上，最美的东西是大海；有人说是天空；还有人说是彩虹。其实，这些都不是最美的，真正最美的则是，我们每个人的心中怀揣的梦想。因为梦想比大海还要深沉，比天空还要宽广，比彩虹还要绚烂，一个人只要放飞了梦想，就意味着离成功更近了一步。

从前有这样一只鸟，它在蓝天上自由翱翔时，自言自语道："我就以那朵白云做我的目标吧，我一定能够赶上它的！"

于是，这只鸟便重新整理了自己的一双翅膀，铆足了劲头往前飞奔，然而，那朵白云却像跟它开玩笑似的忽而向东，忽而向西，没有确定的方向。甚至在有的时候，还会突然停下来，蜷缩着打旋涡；有时又突然慢慢地展开，好像一个骄傲而懒惰的妇人，将自己裹在被子里，同时还伸着懒腰。更加糟糕的是，这片白云突然就没了影踪，不管是谁，都无法找到它。

见此情境，这只鸟坚决地说："不行，看来我不能将白云作为目标，我应该大胆地放飞我的梦想，将那些巍峨矗立的山峰作为我的路向标。因为高山坚固而伟大，在它们上面飞翔，我将离成功更近，将更加壮勇和有力。"

就这样，这只鸟放飞了梦想，让自己越飞越远！

曾经有位作家说过这样一句话："我在世间行走，梦想是唯一的行李。如果你想人生美好一点，快乐一点，就该紧握梦想，坚持你期盼成功的心！"是啊，如果一个人没有了梦想，那么天空则灰暗无常；如果一个人没有了梦想，那么大地则不再宽广；如果一个人没有了梦想，那么成功将离我们越来越远。总之，梦想就像一颗种子，如果我们精心地护理，就一定能够在现实中看到活生生的果实。

人的梦想如同一缕清风，每当我们感到困惑的时候，它就会将我们的大脑叫醒，从而将成功之舟驶向远方；人的梦想如同一滴清晨的甘露，每当我们失去希望的时候，它就会将我们的咽喉滋透；人的梦想如同黑暗胡同里的一盏灯，每当我们感到找不到光明的时候，它就会将我们前行的路全部照亮。总之，只要我们放飞梦想，用心呵护它，不畏艰险地向前冲，便可接近成功。

当然，梦想离不开现实的根基，如果我们不考虑自身的实际情况，只是每天枯燥地空想，梦想也会如泡影一般挥之即灭。总之，梦想之花需要我们亲手浇灌、亲手培育。

有一对父子，儿子天生跛脚。一次，儿子看到了一幅"金字塔"画，顿时被画上金字塔的雄伟所震撼，于是问父亲："金字塔在哪里？"父亲回答说："别问了，这是你永远不能到达的地方。"

20年的时间过去了，已经年老的父亲有一天收到了一张照片，照片上的背景则是20年前同样雄伟的那座金字塔，儿子挂着拐杖站在金字塔的前面，满脸笑容。并且，该照片的背后还写着"人生不能被保证"的字样。

父亲看着这张照片，非常激动，原来跛脚的儿子在很早以前就已经有了这个梦想，并且用自己的行动证明了"我能亲眼见到金字塔"。

是啊，一个人一旦有了美好的梦想，抱着十足的信心，努力、辛勤地付诸实际行动，那么梦想终究会实现。如果这则故事中的"儿子"对"金字塔"的愿望只是想想而已，那么他将永远无法实现自己的这一梦想。

在现实生活中，太多的人每天都是碌碌无为，心中没有自己的梦想，没有奋斗的目标，甚至整天抱怨老天没有赐予自己最好的机遇。究其原因在于，连自己都没有梦想，又谈何前进的动力？这样的人只能每天陷在无奈苦恼中，只能每天在一片黑暗中度日。

我们不得不说，如果一个人没有梦想，或者不放飞自己的梦想，那么绝望和恐惧就会充斥整个心灵。我们不仅不会看到成功，而且还会在自暴自弃中捱捱度日，打发那些平庸无味的时间。

当我们在一瞬间发现自己有了梦想，并且懂得放飞这个梦想的时候，便会在猛然间豁然开朗。尽管梦想在开始的时候会显得十分模糊，但是它会随着自己的努力奋斗逐渐清晰起来。总之，只有放飞自己的梦想，我们才会看到将来的希望；只有放飞自己的梦想，我们才会走出迷茫和彷徨；只有放飞自己的梦想，我们才会活出自己，并在心的指引下走向开阔的世界。

■ 人生没有往返票，失去了就难再回来

　　人的生命是有限的。许多人在生命即将结束时，才发现自己还有很多事没有做，还有许多话来不及说，这是人生最大的遗憾。

　　人生从不出售往返票，失去的永远不会再回来。将希望寄予"等到我如何如何的时候，我再怎样怎样"，我们将失去很多可能获得的幸福。

　　一位哲学家想要周游世界，在他经过沙漠的时候，发现一座断瓦残垣、荒废已久的城堡。此时的他很累，便一屁股坐在一座石雕上。

　　看着眼前这座被历史淘汰的城池，再遥想当年这里的繁荣景象，哲学家禁不住发出一声叹息。忽然，一个声音响起："先生，你在感叹什么呢？"

　　哲学家茫然四顾，可空无一人，正在疑惑之际，那个声音再次响起："先生，我在这里。"

　　他循声看去，发现竟然是自己屁股底下的石雕在说话，那是一座"双面神"石雕。哲学家从未见过"双面神"，觉得十分好奇，便问道："你为什么会有两张面孔呢？"

　　"双面神"很自豪地说："我的这两副面孔，一面能观

察过去，从过往中汲取教训，一面能遥看未来，展望美好的明天。"

哲学家听后沉思了一会，感慨道："过去无非是今天的逝去，已经没有办法挽留，而明天又没有到来，即便你能洞悉过去和未来，又有什么实际的意义呢？与其瞻前顾后，倒不如好好把握现在。"

"双面神"听后得意之色顿消，失声痛哭："听了你的话，我才明白自己为何会沦落至此呀！我曾是这座城池的守护神，我自认为能够洞悉过去和将来，便不把现在放在眼里。结果，一朝城破，一切辉煌都成了过眼云烟，而我也被人们弃于废墟之中。"

世界上最宝贵的就是"今"，最容易丧失的也是"今"，也因为它最容易丧失，所以才更觉得它宝贵。佛家常常劝世人：活在当下。可怎么活在当下呢？其实就是把焦点集中在你现在正在做的事、身居的地方和身边的人上，全心全意认真地去接纳、体验和投入这一切。

从某种意义上说，"昨天"和"明天"是两个最危险的词。沉浸在昨天无法自拔，你就会停滞不前；陶醉于明天尚未到达的风景，你就会生活在幻想和等待中。今天才是生活，才是决定昨天与明天价值的关键。

活在过去的世界里，以为未来也会顺其自然，还有比这更愚蠢的想法吗？

预见未来的最好方法就是创造未来。不懈怠，把握现在，踏踏实实过好每一天，才是我们当下该做的事情。

■ 自以为无能，限制了人生所有可能

社会就像一个巨大的金字塔，越往上攀登，就越能享受最大的自由和空间。可在社会这个大金字塔上，成功者与失败者的比例如同它的结构一般，能够攀上高峰的人，始终只是少数。

有的人可能出生在较低的位置，却能从底层迅速攀登到顶层，跻身成功者之列，享受顶峰风光；有的人可能出生在中间的位置，却按部就班，辛辛苦苦，仅仅只爬上一两层；还有的人或许出生在较高的位置，却因漫无目的、庸庸碌碌，终其一生都在老地方徘徊，甚至搞不好还掉下几层……

其实，在那些无缘攀登上高峰的人群中，不乏优秀和有能力的人。他们明明有足够的力量蜿蜒而上，明明有足够的机会平步青云，却为何总是停滞不前，仿佛人生被建了一道无形的墙？原因就在于他们不能正确地判断自己的能力，低估了自己的价值。他们总想着"我不能""我做不到"，于是为自己的人生建起了一道高墙，因循守旧，不敢创新，徘徊在狭小的天地，结果自然是一事无成。

一位非常有名气的逃脱大师，被邀请到一个小镇上去表演。他的演出非常成功，台下掌声雷动，所有的观众都被他的精彩表演给迷住了。

所有的演出全部结束以后，小镇的居民们意犹未尽，热切地请求大师再给他们表演一个节目，题目由居民来出，大师欣然答应。这时，小镇上的居民拿来一个铁皮制成的大箱子，只有一扇门，里面锁了一把锁。箱子顶上有个洞，刚好够一个人进出。

居民要求大师从上面的洞钻进去，然后打开锁，从那个铁箱子里走出来。大师仔细地观察了一下那把锁，那的确是一把极其普通的锁，看上去没有丝毫难度，甚至可以说比他以往任何时候对付过的锁都要简单。

大师信心满满地钻进了箱子，他先用了一些他最常用的方法试图把那把锁打开，但未能成功。接着，他又试了另一种方法，但锁似乎有意跟他作对，依然纹丝不动。大师只好静下心来，换了一个又一个的方法试着将那把锁打开。可没想到的是，这把看似简单得不行的锁，似乎变得无懈可击，大师已经用尽了所有的方法，还是无法打开那把锁。

此时的大师绝望地瘫倒在地上，额头上直冒大汗，手也不禁发抖，无可奈何地望着那把锁。这时，他的脚不小心碰到了铁箱子的门，"吱"的一声，那门竟然开了，一束亮光射了进来。原来，这门根本就没有上锁！这是小镇居民和他开的一个善意的玩笑。

这个故事说起来的确很好笑，也很让人深思，为何没有上锁的门，会锁住最优秀的逃脱大师？在生活中，处处有墙有门，处处有锁，为了安全而设的有形之锁并不可怕，最可怕的是人们心里的那把无形锁。它能锁住一个人的智慧，将我们的想象力扼杀掉，从而形成心灵的桎梏。这把心锁实际上是我们人生中的那堵"无形的墙"，它让我们相信，我们的人生只能止步于此，我们的能力只能限定于此。于是，哪怕前方有路，我们也不敢走，哪怕门未上锁，我们也不曾想过去推。

很多时候，我们就像被无锁之门关在箱子的那位逃脱大师一样，明明只需轻轻一推，就能走出箱子，投入一片新天地，却总也迈不出这一步，只会看着眼前形同虚设的门干着急。

有个农夫展出了一个形同水瓶的南瓜，参观的人见了都啧啧称奇，追问是用什么方法种的。农夫解释说："当南瓜还是拇指般大小的时候，我便用水瓶罩着它，一旦它把瓶口的空间占满，便停止生长了。"

人其实就是这样，当你用一个水瓶限制住自己的无限可能之后，你也就只能长成水瓶的样子，这并非因为你天生就注定是个"水瓶"样，而是因为你的自我设限决定了你人生的模样。许多应有的成功，正是因为我们的自行否定和打击而胎死腹中。

人生本有无限可能，但若你放弃了一切可能，不断告诉自己"我不能"，那你也就真的不能了。一个人的幸与不幸、行与不行，其实都是内心觉悟的问题。

■ 要么你出众，要么你出局

人生中，我们最大的敌人就是自己，一切难题的产生都来自你的内心。只有你战胜了自己，才能战胜所有的对手。如同诗人汪国真所说的一样："悲观的人，先被自己打败，然后才被生活打败；乐观的人，先战胜自己，然后才战胜生活。"

他是一家跨国公司的老总，曾经到美国留学打工。与很多中国留学生一样，在求学期间，他只能靠着在餐馆、货场打工来维持学业。这种靠体力赚钱的工作非常辛苦，于是半年后，他决定换一个环境。

一天，他在报纸上看到一位教授想要招聘一名助教，于是就投了简历。经过层层筛选之后，共有 36 人通过了初试，其中就包括他在内的 5 名中国留学生。看到这么多优秀的人才入选，一些人暗暗叹息希望太渺茫了，甚至有人产生了退出的想法，只有他一头埋进图书馆查阅资料，为复试做准备。后来，另外 4 名中国留学生选择了退出，因为他们听说，这位教授从来没有录用过中国助教。

听到这个消息，他也产生了疑虑。可是冷静下来之后，他不禁想："不尝试一下，怎么就能放弃呢？就算教授从来没有录用过中国人，也不代表这次就不会录取我！我应该用行动证明给他看，我是最优秀的。"

最后，他成功了。教授对他说："OK，就是你了。"

他惊讶地说："我真的被录取了？为什么？"

教授笑着说："你也许并不是最优秀的，但是却是最勇敢、最相信自己的。其他 4 位中国留学生听说我从来没有录用过中国人，连试一下的勇气都没有。我聘用你是为了我工作，只要你能胜任，我为什么不录用呢？你战胜的不是所有的对手，而是你自己。"

后来，他成立了自己的公司，越做越大，越做越强。因为他知道，能够打败自己的只有自己。他经常对自己的员工说："年轻没有失败，如果你真的失败了，记住打败你的不是别人，正是你自己。"

想要战胜别人，首先就应该战胜自己。如果你脑袋中只想着打败别人，那么永远也战胜不了自己。成功者之所以成功，是因为他们不是盯着别人，更不会在意别人怎么想怎么做。因为不管你自己多么优秀，永远都有竞争对手。只要你战胜了自己的内心，让自己变得更强大，对手自然就会落在你的后头。

很多时候，成功或是失败并不在于结果，而是在于我们的内心。当你过于在乎成败的时候，内心自然无法平静下来，成功自然就离你远去了。当你看淡了成败，看淡了别人的想法的时候，就会专注于事情本身，而成功就成为水到渠成的事情。

做任何事情都应该摆正自己的心态，失败了不要怀疑自己，成功了不要高估自己，这时候你才真正战胜了自己。

■ 别说你比谁差，你只是还不够努力

失败者总喜欢将自己的失败归结于客观条件的不足，如自己的出身、运气不佳、机会缺乏等。他们以羡慕的眼光注视着成功者的成就，以忌妒的口吻讽刺着成功者的好运，仿佛他们的成功完全归结于命运所赋予的优势。但事实上，人生哪会存在绝对的优势或劣势呢？想要盖建成功的大楼，就必须以绝对的努力和付出作为基石。人生绝不会随随便便地成功，也绝不存在命运注定的失败。

在一个清晨，三位旅客同时走出旅馆，他们一人担心下雨，便带了一把雨伞；一人担心路滑，便带来一根拐杖；而另一人为了旅途轻松，什么都没有拿。

傍晚的时候，果然下了一场雨，这三位旅客回到旅馆的时候，旅馆老板突然发现一件让他吃惊的事：拿伞的人全身湿透，拿拐杖的人跌了几处淤青，只有什么也没带的那个人，身上反而没有太多雨水或脏污的痕迹。

等到"落汤鸡"去洗澡、跌伤的人去上药时，旅馆老板好奇地问安然无恙的那个人说："真奇怪，难道他们把雨伞和拐杖都给了你吗？为什么准备周全的他们狼狈不已，什么都没带的你反而毫发无损呢？"

那人看着旅馆老板笑道："其实我们走的并不是同一条路线，不过我大概也能猜到他们发生了什么。那个打雨伞的人，自以为有了雨伞就可以不用担心淋湿，只注意脚下的路，所以他没有滑倒却被淋湿了；那个拿拐棍的人则仔细躲雨，却忽略了脚下的路，结果拐棍也帮不了他。我呢，正因为什么也没有，于是下雨了就躲，路滑就小心些，最后反而成了最平安的人。"

不可否认，命运赋予的优势，的确能够给予我们许多的便利和帮助。比如出身富贵，就省去了养家糊口的压力，能够自由地去做自己想要做的事情；家庭和谐，就免去了许多家长里短的麻烦，能够更加专注于自己的事业；人脉广泛，就能获得更多的便利，得到更多的消息，甚至能够在达成某些目标时走"捷径"……

但如果因为具备了这些优势就麻痹大意，那么优势往往可能变成一种忧患，让我们遭受措手不及的打击。优势往往会给我们一种天然的优越感和安全感，让我们缺乏相应的危机意识。如果过于依赖这种保护，那么一旦它出现问题，我们就可能一丁点儿防备也没有，只能拱手认输了。

很多人有过类似的经历：在某些关键的考试中，往往最后拖后腿的，反而可能是平时擅长的优势科目。这其实并不奇怪，每个人都有自己擅长和不擅长的科目。在考试的时候，为了得到更高的分数和名次，我们往往会对自己不擅长的科目投入更多的时间和精力进行复习，至于那些平日里较为擅长的，反而可能因为过于自信而有所疏漏，甚至完全不会进行复习。此外，在考试过程中，越是我们熟悉的题目，在解题过程中越是容易掉以轻心，以致常常出现因粗心大意而丢分的情况。于是，优势最终反而成为我们致命的缺点。

可见，一个人成功与否，关键不是在于他拥有多少优势，而是在于他自身付出了多少努力，为成功投注了多少心力。人生不存在绝对的优势，只有绝对的努力。

在一次家庭聚会上，小贺为亲戚们表演了高超的滑板技术，只见他不但轻松绕过各种障碍物，还完成了各种高难度的空中动作。所有人都羡慕小贺的运动神经，但他却只是笑而不语。这时小贺的妹妹微笑着卷起了小贺的裤腿，大家惊讶地发现，小贺的两条腿上布满淤青，有大有小，有旧有新。

小贺的妹妹说道："我哥哥的运动神经固然不错，但你们不知道，他每天至少要用四个小时的时间来练习滑板，这些淤青就是他努力和付出的证明。如果没有这样辛苦的练习，我们绝不可能看到今天这么精彩的表演！"

看到小贺高超的滑板技术，大家首先想到的是：小贺的运动神经真发达！这应该是大多数人的通病吧。我们总是容易将别人的光环归结于天生的优势，或许因为只有如此，我们才能心安理得地忽略自己的平庸和失败。

但事实上，优势所能带给我们的帮助非常有限。当你具备某方面的优势时，你必须把它与勤奋相结合，才可能真正做出一番成绩，否则优势仅仅是个人的一个特点罢了，连特长都算不上。拥有优势却不愿努力的人，无异于白白辜负了上天的馈赠。

在这个世界上，任何事情都没有绝对，没有彻底的黑、彻底的白，更不会有彻底的万无一失。同样地，哪怕你拥有比大多数人更美丽的外表，更聪明的头脑，更富有的家庭，也不意味着你就能万无一失地取得成功。人生没有绝对的优势，当你因为自身具备的优势而认为可以侥幸度过人生的每一个关卡时，你的失败也就已经注定了。

因此，如果你是人生的幸运儿，那么请提高警惕，丢弃你的侥幸心理，依赖优势是你必须克服的心理症结；如果你从不曾受到命运的青睐，那么请重拾信心，停止一切的自怨自艾，你要相信的，应该是自己不懈地努力与坚持，而不是某些天赋或不够扎实的积累。

对于每个人来说，真正的优势是我们明白自己拥有什么，却不会将它当成全部，它是我们前进的资本，给我们信心，但不是胜利的唯一凭借。我们能依靠的只有自己，无论任何时候都应全力以赴，唯有如此，才能得到真正的成功！

第二章 ○

现在你所偷的懒，总有一天岁月会加倍奉还 ●

你一直忌妒别人闪闪发光的地方，却不知别人一路走来到底付出了什么代价，才换来这样一个很多人想要的人生。你并不知道"懒"除了让人长肉外，还会让生命堕落于安乐，最后被捆绑于贫穷。

■ 勤奋成大事，懒惰毁一生

在生物学家看来，汗水只不过是人的皮肤所分泌出来的一种代谢物。但是在人的精神世界里，汗水却是勤奋的代称。一分辛劳一分收获，这其实是把人生历程比作农民种庄稼，三分播种，七分管理，而播种和管理需要的同样是汗水。没有付出，就不要妄图有收获，拒绝流汗，其实也就把成功放在了一边。千万不要吝啬自己的汗水，因为这并不是一件羞耻之事，相反，伴随着汗水味道的人生，才是最充实的人生。

成功不会从天而降，我们要端正心态，用汗水来浇灌自己的人生。如果心术不正，或者只想得过且过，不愿付出劳动，那永远也不要奢望得到成功的青睐。

小张和小李两人是大学同班同学，毕业后同时进入一个高中做教师。这对于学习生物的他们来说，无疑是一个令人羡慕的出路。两个人都觉得自己很幸运。

小张在工作中依靠着自己的扎实学识得到了校方的认可和学生的欢迎，在他的心中，他认为自己从小学到大学苦读十几年，为的就是有这样一份稳定的工作。他觉得待在学校，一辈子做一个有待遇、有假期的高中教师挺好。

而小李则不同，他的工作同样无可挑剔，唯一不同的是，他在授课的同时依然没有忘记继续学习。他坚持阅读历史原著，关注学术界的最新动态。随着知识量的扩增，小李的讲课水平越来越高，并且两年后进入了名牌大学读研究生。

每个人都有自己的选择，没有人会觉得小张的选择有什么不对。但是与不断奋斗的小李相比，小张的人生似乎就黯淡了很多。世上没有天生的懒汉，梦想也曾激励过不止一代人为此不断奋斗。但是一些人只是选择停留在了某个地方，过一种固定的生活，企图最大限度地维持现状，而不愿向前多走一步。

当一个人开始不尊重汗水的时候，那是他距离成功越来越远的时候。在很多人眼中看上去非常聪明的人，我们也只是往往看到了他们成功后的笑容，而对那些背后不为人知的汗水却视而不见。

李嘉诚的成功毋庸细谈，很多人也想知道他是怎样成功的，这也包括他的公司中的一位新入职的员工。李嘉诚见此情形，并没有从方法上多说，而是对这位新员工讲述了一个故事。一个记者在采访中问曾经的日本"推销之神"原一平有什么成功的秘诀，原一平当场脱掉鞋袜，对他说："请你摸摸我的脚板。"

这位记者感到有些疑惑，但还是好奇地摸了摸对方的脚板。他对此十分惊讶，说："您脚底的老茧好厚呀！"原一平微笑着说："因为我走的路比别人多，跑得比别人勤。"记者略微沉思后，顿然醒悟。

李嘉诚讲完故事后，淡淡地说："我没有到摆资格让别人来摸我的脚板的高度，但我可以明白无误地告诉你，我脚底的老茧也很厚。"这些老茧都是当年李嘉诚每天背着装有样品的大包，马不停蹄地走街串巷磨出来的。当年的李嘉诚从西营盘到上环再到中环，然后坐轮渡到九龙半岛的尖沙咀、油麻地，他的一双脚几乎走遍了整个香港。后来他说："别人8小时就能做好的事情，如果我做不好，我就用16个小时来做。"

当很多人对"勤奋"这个词语不屑一顾的时候，还是有所谓的"笨人"在坚持着自己的努力，为实现自己的梦想默默地流汗。想要成就一番大事，所要选择的道路就越发地艰难。这其实很好理解，如果成功是畅通无阻的康庄大道，那人人都将成为一个所谓的"成功者"。真正能够成大事者，对汗水往往会有自己独特的理解，能够从汗水中看出不一样的东西，也能够从汗水中获得最后的成功。

苦意味着什么，其实就是流汗。成大事者从不将吃苦作为炫耀的一种资本，相反是把吃苦流汗作为必经的一种历练。

■ 懒惰不能换来轻松，勤劳却可以

你想完美做事吗？你想有所成就吗？这有一个重要的途径，就是要勤奋，不懒惰。

人难免会有惰性，在处理事务过程中会有想要停下脚步、偷懒一下的念头，当下心里的旁白大多是："不过就是偷懒一下，应该没有什么关系吧！"但事实是，偷懒并不能换来轻松，相反我们的情绪会因此陷入负面，负面情绪又会加重懒惰行为，势必让即待解决的事情变得越来越糟糕。

以回复信件为例，你是否发现自己经常在信件的开头写下这样的话："真对不起这么久才给你回信"或者"很抱歉拖了很久才回复"？本来当初接收到邮件时，一下子就可以很愉快、很容易做回复，可是当你因偷懒拖延了几天、几个星期之后，众多的邮件积累在一起，你的思路就会混乱，回复时间变长。

偷懒毫无意义——短暂的逃避之后，工作依然要做。是第一时间利索、漂亮地完成任务好，还是经常因为时间过于紧迫，草草交差好？一目了然，很明显前者更容易获得别人的嘉奖、信赖和敬佩。回想一下，你有没有懒惰的时候？比如，本来计划出去慢跑锻炼身体，却犯懒选择躲在被窝里虚度光阴；本该兢兢业业完成一天的工作，却放下工作，选择在悠闲中度过一天的时光……

如果有，那么你该做出改变了！

一个人能否取得成功，环境、机遇、天赋、学识等外部因素固然重要，但更重要的是自身的勤奋。一分耕耘一分收获，勤奋使平凡变得伟大，使庸人变成豪杰。那些做事完美的人并非没有惰性，但他们能克制自己偷懒的思想，逼着自己肯下苦功夫，最终用勤奋书写下生命的辉煌。

帕格尼尼是意大利的小提琴演奏家、作曲家，著名的音乐评论家勃拉兹称帕格尼尼是"操琴弓的魔术师"，歌德评价他是"在琴弦上展现了火一样的灵魂"。记者问帕格尼尼："您取得成功的秘诀是什么？"帕格尼尼的回答只有一个字："勤。"这里的"勤"，指的是勤奋，帕格尼尼就是以勤奋而闻名的。

帕格尼尼的父亲是一个没受过多少教育的小商人，但他非常喜爱音乐，尤其是小提琴。在帕格尼尼刚满七岁的时候，父亲为他聘请了一位在剧院拉小提琴手的老师。在同龄的小伙伴耽于玩乐时，帕格尼尼要每天早上九点钟开始在家练习拉小提琴，一直到下午五六点钟才结束。年幼的他艳羡小伙伴们能自由玩耍，但他知道要想拉好小提琴必要勤奋，所以告诉自己坚决不能偷懒，要继续坚持练习，以至于就连做梦他都在拉琴。就这样，帕格尼尼练就了娴熟的小提琴演奏技法，12岁时把《卡马尼奥拉》改编成变奏曲并登台演奏，一举成功，轰动了舆论界。

之后，帕格尼尼开始跟着许多不同的老师学习，包括当时最著名的小提琴家罗拉和指挥家帕埃尔，他依然每天大约用12个小时练习自己的作品。1801年起的五年间，他隐居了起来，但并没有停止创作，先后完成了《威尼斯狂欢节》《军队奏鸣曲》《拿破仑奏鸣曲》等六首小提琴。功成名就之后，帕格尼尼大可在家享受生活，但他对待事业的勤勉丝毫没有消减。他往来于欧洲各地举行演奏自己作品的音乐会，1828年的奥地利维也纳，1831年的法国巴黎和英国伦敦，1839 年的马赛，然后去尼斯，这些演出均引起世界性的轰动，奠定了他国际演奏大师的地位。

勤奋不是一时，而是一生。帕格尼尼 50 年如一日地勤练小提琴，付出了无数的心血和汗水，最终印证了爱迪生所说的"成功 = 百分之一的灵感 + 百分之九十九的汗水"。

也许现在的你的确很平凡，但只要你能积极地行动起来，勤奋不懒惰，你就能快速处理眼前的各种事务，使一切变得井然有序起来，进而迅速地朝着优秀迈进。逼自己勤奋一点，再过五年你将会感谢今天发狠的自己，那时候的"狠"其实就是一种"爱"，一种对自我负责的无言大爱。

■ 现在你不"起舞"，就是对生命的辜负

现代社会发展迅速，竞争异常激烈，无论工作、生活还是家庭，人们都必然要面临一定的压力。有压力不见得是坏事，它是人们保持生命的动力。但如今，不少懒惰者往往喜欢以压力为借口，但凡有些许不如意，就高喊着"压力山大"，将手头上所有的事情不负责任地抛到一边。

懒惰虽然能让我们一时安逸，但长久下去，却会摧毁我们所拥有的一切甜蜜。没有压力，人就会变得不思进取，日渐懒惰，这可是对自己生命的一种辜负。

钥匙越用越闪亮，若长久锁在抽屉里，就容易生锈。

不经常动脑，大脑就会像生锈的机器一样，等你想再使用它的时候，效果就要大打折扣。

人人都知道牛顿是发现万有引力的伟人，但很少有人知道，晚年时候的牛顿，由于受到各种荣耀和声誉的影响，在懒惰和安逸中碌碌无为。

1705年，牛顿被安妮女王封为贵族。随着科学声誉的提高，晚年的牛顿身披各种荣耀，不但当选为国会中的大学代表，同时还不定期担任英国皇家学会会长和造币厂厂长。有了权势的牛顿，逐渐疏远科学事业，在伦敦过着富丽堂皇的生活。

不但如此，他甚至开始了神学的研究，否定哲学的指导和启迪作用。当他遇到连自己都难以解释的天文学时，就提出了"神的第一推动力"的谬论，再也没有伟大的科学发现。

懒惰就像毒药一样，会将人的意志与创造力消耗殆尽，会把一个很有潜力的天才变成一个庸人。这并不是笑谈，牛顿的例子是有科学依据的。一般来说，懒惰的人往往缺乏自控力，放纵地享尽口福，过量地从美味佳肴中摄入高脂肪、高蛋白、高糖饮食，而体力消耗几乎降到了最低限度，这造成营养过剩，使脂肪堆积在身体内，导致体态肥胖，以至于出现气喘吁吁、虚汗淋淋的症状。

人的大脑是用进废退。经常用脑的人，能使大脑增加释放脑啡肽等特殊生化物质，脑内的核糖核酸含量比普通人的水平也要高出很多，而这些就是"记忆分子"。那些不爱动脑的人，脑啡肽及脑内核糖核酸等生物活性物质的水平就会降低。长此以往，大脑思维及智能就会迟钝，分析判断能力就会降低，从而造成反应迟钝、懒散健忘。

压力是不断鞭策人前进的动力，是远离懒惰的良方。人只有在一定的压力鞭策之下，才能不断提高，不断进步。当然，过分的操劳确实于健康有害，尤其是近年来各种"过劳死"的新闻报道着实令人心惊。但这并不意味着压力就是有害的东西，在可承受范围内的压力反而对我们很有益处。就像锻炼身体一样，适当的锻炼可以让你加在肌肉上的压力变大，但随着压力的变大，肌肉也会变得越来越硬，骨骼的承受能力也会越来越强。心脏也是如此，运动所带来的心跳加速，加强了对心脏的锻炼，也能使人始终保持健康。

可以说，压力是作用在我们身上促使我们成长的外力，能让我们远离懒惰。只有通过挑战、冒险和困难，我们才能成长起来。因此，别被懒惰消耗了人生，别因懒惰慢待了生命，不要再给自己的懒惰找借口了，战胜懒惰，生活才能重拾激情，重拾梦想。

■ 斩断懒筋，别让每一分钟死有余辜

人有七宗罪，懒惰是其一。对于大部分人而言，懒惰

是一个可怕的词语，因为很少有人能够与之对抗。懒惰会随着时间吞噬人们的意志，磨灭人们的信心，让人们自甘堕落，最终一事无成……

其实，懒惰的可怕之处每个人都知道，但是很少有人能够说服自己战胜懒惰。事实上，觉得不可能战胜懒惰的人不过是对自己不够狠，他们更愿意顺从自己的本能去生活，不愿为难自己。可这样做的后果就是暂时性地放松，就像人们常说的那样，今天工作不努力，明天努力找工作。

每个人都应该为自己的未来负责，而不是只看现在轻松。若想控制住心中懒惰的魔鬼，就要启动自律的力量。如果你说自己无法控制自己，那么只能说你并不愿意控制自己，已经被懒惰所控制了。

想想我们每天的状态是什么样的吧！回家后甩掉鞋子，衣服一扔，虽然明知道房间应该要收拾，可连一个手指都不愿意动，心想明天再做也一样。可是第二天，我们仍旧延续前一天的习惯，什么都不做，白白浪费时间……

实际上，这样的生活并不能让我们感到幸福，看似轻松的日子，心里却总压着各种各样没有完成的事情，最终聚集到一起，不得不去解决，除了后悔没有其他办法。在这一点上，我们其实更应该学习动物。动物在本能面前不会懒惰，它们懂得勤快才能生活的道理。

在非洲的大草原上，生活着许许多多的动物，有狮子、羚羊。每当东方泛起鱼肚白的时候，它们就开始准备一天的活动了。当第一缕阳光划破夜空，它们便开始了一天的生活。

虽然生活在大草原，但是羚羊并没有太多的时间欣赏美丽的景色，更没有时间悠闲地散步，它只是想："我得开始奔跑了，我必须不断地跑，快速地跑。如果跑慢了，我就会成为狮子的盘中餐！"

至于羚羊的死对头狮子呢？它也没有悠闲地散步，也开始了一天的奔跑。虽然羚羊惧怕它，但它还是告诉自己："我必须马上奔跑，尽全力地去跑。如果我跑得慢了，那么就会饿死！"

于是，羚羊和狮子每天都在大草原上尽力奔跑，为了自己的生活。

其实，我们就像是生活在大草原上的羚羊和狮子，草原的景色固然美丽，但在美丽之下，潜藏着巨大的危机。如果我们不勤快一些，那么就将面临被吞噬或是被饿死的危机。可惜的是，很多时候人们都意识不到这一点，唯有当危难来临的时候，才会后悔地质问为什么曾经的自己不够努力。

无论我们是处于弱势的羚羊还是处于强势的狮子，懈怠下来都会面临着可怕的前路。这就是游戏规则。不对自己狠一点，不严格要求自己一点，速度就跟不上，不但抢不到食物，甚至还会被"吃掉"。所以从今天起，我们必须摆脱"懒"这个阻碍我们进步、影响我们成功的坏蛋，狠下心来逼着自己比别人更加勤奋一点。如今的世界是一个快节奏的社会，只有起得更早、跑得更快，你才有更强的竞争力。如果你落到了人后，那么离被淘汰也就不远了。

陈彤在 20 年前跟随老公来到深圳。那时，刚刚从山里走出来的陈彤，突然来到这个繁忙的大城市，觉得一切都不适应，跟不上人家的脚步。

她深知自己没有文化是个巨大的缺点，但是她相信勤能补拙、早起的鸟儿有虫吃这个道理。在和丈夫商量过后，她决定从卖盒饭开始创业。一开始，他们没有本钱，一切能节俭就节俭。他们在市区偏僻的角落租了一间很小的店面，里面只能放下四张小桌子。

虽然店面不大，但是他们的生意很好。说起和其他商家的区别，那就是他们每天从早上七点开门，一直营业到凌晨一点钟。对于深圳这座不夜城来说，这样的店面实在是太少见了，大部分商家是上午 10 点甚至 12 点才开始营业，只有陈彤两口子不一样，他们十几年如一日地过着这样的生活。

这样高强度的劳动，让陈彤长期睡眠不足，黑眼圈一直挂在脸上。即便这样，她从来没有抱怨过生活，没有休息过一天，一个休息日都没有，因为她知道勤奋才是生存之道。

就这样，陈彤两口子从送盒饭起家，不断积累资本，将店面业务扩大，后来又开了好几家分店，生意越做越红火。人家靠的是和气生财，陈彤靠的却是勤奋持家。干了很久的快餐，陈彤也有了自己的一本生意经。他们两口子一个负责坐堂，一个负责采买，十几年如一日，不分白天黑夜。别人家不送早餐，而他们两口子填补了这个空缺，客人什么时候叫餐，他们都会去送。

正是这股子拼劲，才让陈彤家的餐厅人气爆满。就这样，经过十几年的奋斗，陈彤两口子不仅在深圳落了脚，还一下子买下两套房。女儿也已经大学毕业，进了银行工作，后来跟一位同事恋爱结婚，生活美满幸福。

人生走到这一步，陈彤很知足，而他们也已经白发苍苍。女儿不愿意他们继续劳累，便劝说他们关掉店面。老两口商量过后，也觉得是时候休息了，便关掉了经营大半辈子的快餐店。退休后的陈彤闲在家里无事做，她知道女人若想保持年轻美丽，就不能一直虚度光阴，应该让自己忙碌起来，于是决定去寻找新的生活。

她近两年参加了舞蹈队，学习了很多舞蹈，三步、四步、伦巴、恰恰、探戈、民族舞无一不精。在掌握了这种技能后，她又参加了社区腰鼓队学打腰鼓。现在，每天早晨都能在广场上找到她的身姿。到了晚上，她又去跳民族舞，样样都练得很出色，成为几支队伍中的骨干，娱乐健身不亦乐乎。

如今，陈彤的老公全身心支持她，女儿女婿孝顺她，她觉得自己真是幸福无比。

上天只会安排让你成功的机遇，但不会安排你成功。若是你只想着等待，却不知努力勤奋，那么最终成功只会和你擦肩而过。告别懒惰才可能创造成功。陈彤虽然前半生比较辛苦，但她找到了自己心中的幸福。其实我们也是一样，你觉得生活辛苦、劳累，那是因为你刻意去看待辛苦。但若是你能够换个角度去看待勤奋，多看未来，那么你的生活也能和陈彤一样幸福。

天下没有人生下来就注定要享受生活，每个人只有通过自己的努力才能实现人生的价值。所以，不要抱怨生活太累，累才是生活。对自己狠一点，自我克制能力强一些，少一些懒惰，多一些勤奋，每个人都可以做得很优秀。

■ 在时间面前偷懒，时间也会戏弄你

很多人在工作中偷懒，比如玩个小游戏、打个盹，或是照照镜子给自己补个妆……很多人认为这些偷懒的行为无关紧要，不会影响我们现在的工作。事实真的是如此吗？

其实，当你偷懒时，时间正在悄悄地从你身边溜走；当你偷懒时，工作效率正不知不觉地降低。试想，如果你在工作中玩游戏、梳妆打扮，怎么会全身心地投入工作

呢？当然，那些高效工作的成功人士，不会浪费时间做这些无聊的事情。所以，想要获得事业的成功，就应该珍惜每一分钟，因为你在时间面前偷懒，时间也会反过来戏弄你，毁掉你的整个人生。

如果你不懂得珍惜时间，做事拖延，不及时解决遇到的问题，那么后果就会不堪设想。埃克森公司就曾经因为拖延时间，遭受了巨大损失。

1989 年 3 月 24 日，埃克森公司的一艘巨型油轮在阿拉斯加触礁，出现了严重的原油泄漏事件，给生态环境带来了巨大破坏。这原本是一个急需解决的问题，但是埃克森公司迟迟没有做出反应，给出解决问题的方案。这引起国际社会舆论的强烈反响，纷纷声讨公司的不作为，以致引发了一场"反埃克森运动"，甚至惊动了当时的美国总统布什。最后，在舆论的压力下，埃克森公司立即着手解决问题，但是已经错过了最佳处理时机，不仅损失达几亿美元，公司形象也因此严重受损。

人们都说犹太人是世界上最会赚钱的一群人，他们除了具有非凡的经商智慧外，还具有特别强的时间观念。他们喜欢快节奏、高效率的生活，尤其是在工作中绝不浪费一分钟，因为他们觉得自己的时间是用来赚钱的，浪费时间就等于浪费金钱。他们甚至把时间看得比金钱还重要，因为金钱没有了还可以再挣，但是时间过去了就不会再复返。犹太人让你将时间看得无比珍贵，时间是以秒计算的，最讨厌的事情就是浪费时间，所以和犹太人打交道，最忌讳的是拖延时间。

通常情况下，犹太人约见客人，都要定好确切的时间。他们在见面的时候，根本就用不着寒暄，而是直奔主题："我们今天要谈的事情是……"在其他人看来，这可能有点不可思议，但是犹太人却认为交谈的目的不是寒暄，而是做事，如果你要寒暄，就拖延了他的时间。所以，他们一般都是计划好哪段时间和谁谈什么事情，只要时间一到，就算事情没有谈完，也不会接着往下谈了，因为他们认为再谈就是偷窃他们的时间了。

无论做什么事情，他们都明确规定时间，严格遵守时间。比如在开会的时候，他们不仅要注明什么时间开始，还要注明什么时间结束。时间一到，他们就会自行散会，因为他们已经将自己的时间安排妥当，如果会议不能按时结束，他们下面的工作就会被延误，由此可见犹太人对时间的珍惜。

正是因为犹太人珍惜时间，善于利用时间，所以才可以在最短的时间创造最多的财富，成为世界上最富有的人。所以，你是珍惜时间的人，那么就会成为时间的主人，成为自己人生的主宰。如果你在时间面前偷懒，毫无顾忌地浪费时间，那么就可能成为时间的奴隶，被时间戏弄和抛弃。

那些不懂得珍惜时间的人，必定消耗大好的青春，使个人陷入无尽的麻烦和空虚之中。而懂得高效地利用时间的人，最常有的想法就是："我是不是在做没有意义的事情？""我的时间是否用在最有价值的事情上？"这样的人具有时间观念，无论在任何情况下都不可能浪费时间，因为他们懂得人生的意义和价值，绝不允许在工作期间出现空闲。

爱迪生是著名的发明家。为了创造出更多的发明，他每天都沉浸在试验室，埋头研究，废寝忘食，把大部分的精力花费在科学研究之上。爱迪生经常对助手说："浪费是世间最可耻的行为，而最大的浪费莫过于浪费时间。人生真是太短暂了，我们要珍惜时间，用最少的时间办更多的事情。"

有一天，爱迪生在实验室中从事研究，他递给助手一个没有安上灯口的空玻璃灯泡，让助手测量一下这个灯泡的容量，随后又低下头来继续工作。过了一会，爱迪生问助手："那个灯泡容量是多少？"可是他并没有得到助手的回答，抬起头看见助手正在拿着软尺测量灯泡的周长、斜度等数据，并且根据这些测得的数字在桌上计算。爱迪生说道："时间、时间，怎么浪费这么多的时间呢？"说完，爱迪生立即拿着那个空灯泡，将它注满了水，对助手说：

"将灯泡里的水倒到量杯中，马上告诉我它的容量。"助手立即照做。爱迪生说道："这是多么简单的办法，既容易准备又节省时间，你怎么想不到呢？你花费时间来测量、计算，岂不是白白浪费时间吗？"随后他又自言自语地说道："人生简直是太短暂了，太短暂了。如果节省一个小时，那可以多做多少事啊！"

正是因为爱迪生分秒必争，一生中才发明出了两千多种发明，成为名副其实的发明大王。人生不过短短几十年，如果我们肆意地拖延工作，浪费时间，那么终究注定一生都一事无成。

珍惜时间是一种良好的习惯，也是一种难得的能力，凡是有所成就的人都是懂得珍惜时间的人。英国大文豪莎士比亚说："抛弃时间的人，时间也抛弃他。"如果你在时间面前偷懒，拖延症就会越来越接近你；如果你在时间面前要赖，那么你的拖延症就会越来越严重，最终你也会被时间戏弄、抛弃。人生本来就短暂，我们为什么不利用最少的时间，去完成更多、更有价值的事情呢？

第三章 ○

我们长大以后，就不要再奢望"容易"二字 ●

　　成年人的生活里，从来没有"容易"二字，凡是有意义的事情都不会容易做到。"你知道他多不容易吗？"——千万不要把这句话当成笑话，尤其是在自己活得像个笑话的时候。假若有一天你成功了，你也会感叹这份来之不易。

■ 一路走来，谁不是风尘仆仆

　　人们常说，人生不可能是一条直线，它有可能是曲线，也有可能是弧线，但绝对不可能是一个圆。生活总有不顺心的时候，会给我们留下大大小小的伤痕，让我们痛苦，羞于见人。可是，这不正是我们的经历吗？伤痕也好，痛苦也罢，都是我们生命中必须经历的，何必和自己过不去，因为往日的伤痕搁浅了自己的未来。

人生常常浸泡在痛与苦之中，只有经历了这些痛与苦，人生才会更有滋有味。学会以平常心面对，让自己支配命运，生命才会变得更加有意义。

能够在NBA打球的底层黑人，一般都有着一段异乎常人的艰难历史，我们所熟知的NBA球星巴特勒也不例外。在很长的一段时间里，贫穷、犯罪曾经伴随他的生活。

巴特勒说过："打篮球不是压力。"那么，对他来说压力是什么？巴特勒面对的压力远超常人的想象：那个时候，巴特勒的单亲妈妈为了养活他和弟弟要做两份工作；他自己在14岁的时候因为在学校里持有可卡因和枪支被捕面临14个月的刑期；最让巴特勒感到无助的是，当时没人相信他能够改过自新。巴特勒后来回忆说："当有一天你把生活搞得一团糟，自己待在一个小房间里的时候，将自己的生活状态和大家的隔离开的时候，你真的需要好好反省自己的所作所为了。"

杰梅尔在威斯康星州开办了一个拯救失足少年的活动中心，在他的帮助下，巴特勒重新做人。他说："巴特勒的改变，不是一夜之间就可以完成的。他明白：要想走上正路，必须要有耐心。如果沉迷在街头胡混，或许做一些惊天动地的事情可以让你一夜成名，同时也能让你一无所有。"

杰梅尔进一步打磨巴特勒在监狱中培养起来的篮球基本功。巴特勒开始尝试着不断地参加比赛，并在一次活动中赢得了"最有价值球员"的称号。虽然巴特勒的出色表现得到了全国很多所大学的注意，但是它们因为他的不光彩历史而对他关闭了大门。但是上天不会放弃那些努力的人，巴特勒依然等到了一个机会。他在一个大学教练的严格训练下大放异彩，两年后进入了NBA，最终实现了自己的梦想。

对于巴特勒来说，曾经的经历就是生命里的伤痕，这些伤痕让他遭受别人的白眼，曾一度自暴自弃。不过正是因为这些伤痕的打磨，让他变得越来越成熟。正是受到这些痛苦的刺激，他才有足够的决心改变自己，从过去抽身而出，从而获得最后的成功。

每一次创伤，都是一次成熟。生命进程中，当痛苦、绝望、不幸和灾难向你逼近的时候，不要畏惧，更不要退缩。因为痛苦而哭泣，因为不顺而惊慌，最终只能被生活打击得一败涂地。看看那些成功的人，哪一个不是微笑着面对生命里的伤痕，哪一个不是从容地面对生活中的痛苦？

在我们出生的一瞬间，就已注定必然要经历很多，其中有快乐、健康、爱情、成功，也有痛苦、疾病、挫折、伤痕。虽然快乐、健康、成功会让我们的人生变得美好、绚烂无比，但是痛苦、疾病、挫折却让我们的生命变得更入味，让我们能更加深刻地理解人生，更加真切地体会生命。正是因为这些逆境的存在，人生才充满力量和斗志。正是因为这些逆境，我们才会更加努力地奋斗，实现自己的价值。

温室中成长的花朵，没有风雨的锻炼，没有烈日的烘烤，几乎不会受到任何伤害，可是一走出温室，就会因为经受不起外界的恶劣条件而被击垮。山崖上的野花，每天经历风雨的洗礼、烈日的烘烤，身上布满伤痕，可是即便再大的风雨，也不会摧垮它。

黑人奥普拉出生于美国密西西比州的一个小镇，她没有温暖的家庭，她的父母从来就没有领过结婚证，并且在她很小的时候就分手了。从一出生，被人称为私生女的奥普拉就跟随外婆一起居住。

6岁那年，奥普拉回到了母亲身边，从此开始过上堕落的生活。在9岁那年，她竟然被表兄强暴，这让小小的她更加堕落，差点被送进少管所。

所幸14岁时，奥普拉来到父亲身边生活。父亲知道奥普拉从小受尽委屈，做了很多错事，遂对她的教育十分上心。在父亲的严格教育下，奥普拉的生活总算有了起色。17 岁那年，她被评选为"田纳西州黑人小姐"。后来，她进入州立大学学习大众传媒，"歪打正着"地进了电视圈。

在电视界熬了 10 余年后，她终于等到了一个机会。1984 年，她被老板任命为《芝加哥早晨》这档节目的主持人。这原本是一个半死不活的节目，但仅仅一个月的时间，奥普拉就让节目的收视率扶摇直上。一年后，这档节目被改名为现在大家所熟知的《奥普拉·温弗瑞秀》，并打造出了品牌。如今，全世界绝大部分的大牌明星以上奥普拉脱口秀为荣，奥普拉凭借着以自己名字命名的节目成为无可争议的"脱口秀女皇"。

奥普拉从小就经历了常人无法想象的痛苦，但是这些没有让她颓废，反而使之更迅速地成长起来，成为一个被仰视者，一个心胸开阔的人。正如一位哲人所言："一个人，要享受生活，也要承受痛苦，这才是生活的完美和有价值的人生。"

■ 最好的时候，总是在最痛之后

国王唯一的儿子生了病，并不是身体上的疾病，而是他整天闷闷不乐，什么也不愿意看，经常打骂下人，脾气越来越坏。国王亲自去国内最有名的寺庙，请方丈帮忙想想办法。

"让王子一个人出去旅游，只给他一点点钱。"方丈说。

"这是为什么？"国王问，方丈没有回答。国王很信任方丈，就在王子的反对声中将他送出皇宫。

一年后，王子回来了。他晒黑了，也长壮了，更重要的是他看起来非常精神。他对父母说："以前在皇宫，我下棋的时候，别人都让着我，我打猎的时候，连动物都来讨好我。我什么都不用做，只要坐在那里，就会有人把世界上最好的东西端给我，但我却觉得厌烦不已。在外面的时候，没有人帮我做任何事，有时候连饭都吃不上，但当我靠自己的努力，又走了一段路，或者赚到一笔钱，我都觉得特别兴奋！"

梦想如果那么容易实现，就不会让人如此向往。没有了沧桑，生活就会归于平淡，人生就不会那么完整，那么丰富多彩。故事中的王子从小在蜜罐里长大，一切都顺着他的心意，所以即便生活在幸福中，他也会闷闷不乐。就像一个人总是走平坦的道路，永远没机会走走山路，走走水路，甚至摔一跤，那么他就会觉得人生是这样地平淡、乏味，自然就会心生厌倦。如果他在前进的道路上遇到了荆棘、坎坷，有跋山涉水的机会，那么再走上平路的时候，他就会觉得走平路原来是这么幸福——人心就是如此。

没有了痛苦，人的幸福就不能被称为幸福；没有了沧桑，人的生命就称不上完整。对于一个运动员来说，轻易地战胜对手，拿到冠军奖杯，他觉得幸福吗？恐怕他只会觉得茫然和无趣。要是他经过了长期的艰苦训练，还要常年忍受失败的煎熬，最后才艰难地战胜对手，那么这座奖杯不管是在他的手中还是在他的心中，都是沉甸甸的，具有非凡的意义。所以，生活幸福不是一个结果，而是一个追求的过程。只有经历了沧桑、痛苦，幸福才有价值。

很多时候，我们只是想要享受幸福的生活，却不愿意承受痛苦和沧桑。实际上，痛苦往往只是一时，只要你懂得控制，它就不会永远跟随你。当你体会到生活的沧桑和痛苦之后，才会发现这痛苦不过是个包装盒，拆开后里边其实是命运送给自己的宝贝。

一只在地上觅食的青虫，羡慕地看着在花丛间飞来飞去的蝴蝶，对它说："你多么好呀，那么漂亮，人人都喜欢你。你还会飞，自由自在。上天真是不公平，为什么我就只能在地面爬行，而且长得这样丑陋呢？"

蝴蝶说："千万不要这么说，如果你愿意，也可以变成我。但你首先要用茧把自己包住，让自己呼吸困难，还要拼尽全身力气，长出翅膀，用翅膀一点点划开那个厚重的茧，然后你就能变成蝴蝶。"

"这么麻烦？那要是划不开怎么办？"

"那就只能闷死在茧里。"蝴蝶说。

"还是算了，我看当虫子也挺好。"青虫懒懒地拖着身子爬走了。蝴蝶看着它的背影，不无遗憾地说："就是因为这样，你才只能当青虫。"

所有的事都是一个过程。人们都在追求最好的结果，就像青虫想要变成蝴蝶。对于蝴蝶来说，也许在它的记忆里，让它们得到最多的并不是那个结果，而是过程中经历的人与事。只有蝴蝶知道，如果自己不经历那些痛苦，不拼尽全身的力气，永远也不会有展翅飞翔的一天。

当然，我们没有必要自寻苦恼，但是突然有一天，灾难来了，不幸来了，考验来了，我们应该勇敢地去面对。因为这些也是生命必经的过程，谁也绕不开、躲不过。有智慧的人不愿被痛苦束缚，他们会选择坚强，来对抗心灵的阴影。就算是跌倒了，也要坚强地爬起来，继续走下去。

生活中的痛苦和挫折，带来的不只是悲哀，还有难得的经历与经验。生命只有经历了这些，才会变得越来越成熟；生活只有经历了这些，才称得上完整。

■ 只要踮起脚尖，就会更靠近阳光

人活一生，总有那么多的事情让我们感叹：命运是如此地不公平。

为什么当我们寒窗苦读的时候，那些命运的宠儿已经被星探发现，走上了光鲜的人生道路；为什么当我们为一个实习名额挤破脑袋的时候，那些命运的宠儿，已经在家人的安排下进入大公司、大企业；为什么当我们为还房贷辛苦操劳的时候，那些命运的宠儿，却躺在海边度假……

当我们面对人生的失意，当我们看到别人的成功和自己的平凡时，我们常常习惯性地把原因归于这两个字：运气。

可是你有没有看到，曾经那个考试成绩总不如你的同窗最终考入了名牌大学，曾经那个找不到工作的人最终创业成功，曾经那个低声下气向你借钱的朋友最终跻身富豪……

运气，也许从来就没有绝对的运气。

因为，好运气能"制造"。

心态有时会决定人的命运，积极的心态就是转运的阳光。它会让你看到生活的另一面正阳光灿烂，激发自身内在的积极力量和优秀品质，最大限度地挖掘自己的潜力，事情就会向有利于我们的方向发展。

电影《倒霉爱神》恰恰给我们展示了这个事实。

女主人艾什莉好比上天的宠儿，始终受着生活的眷顾：随便买一张彩票，就能中头奖；在繁忙的纽约街头想要搭计程车，很快就有好几辆车向她驶来；毕业后不费周折地就在一家知名的公司做了项目经理……她的生活和工作，可谓一路畅通，惬意而幸运得让人忌妒。

男主人杰克好比世上的天煞霉星，有他出现的地方就有霉运，医院、警察局、中毒急救中心，是他经常光顾的地方。新买的裤子看上去好好的，可一穿就断线；工作上，他更没有艾什莉那么幸运，不过是一家保龄球馆的厕所清洁员。

看到影片中这些零碎的片段时，众人不禁哑然失笑，但也会感慨：同样是人，怎么差别这么大？有人就是幸运，有人就是倒霉！其实，这不是运气的问题，而是心态在发挥作用。对于艾什莉来说，她的内心充满阳光和自信，所做的一切都在朝着最好的方向努力。这样积极的生活态度，自然让她享受到惬意而美好的生活。反观杰克，他时时刻刻担心着厄运发生，把注意力都放在了倒霉的事情上，似乎他人生的唯一目的就是避免倒霉事情的发生。这样毫无阳光的心态，自然将自己置于倒霉的阴云之下。

美国企业家理查·狄维士曾告诫我们说："人们需要保持着内心积极的力量，从始至终，永不放弃。特别是在人生中不如意、不顺心、不快乐的阶段，更是需要拥有充足的心灵资源来支撑度过。"

因此，等待运气不如创造运气。在面对人生中不可避免的苦境和不幸时，不要一味地沉浸在内心的阴暗和痛苦中。只要我们始终以乐观、向上、积极的态度面对人生，人生自然会向我们露出笑脸——正如歌中唱的："只要踮起脚尖，就更靠近阳光。"

有句话说得好："命运不济是失败者的借口。"如果一个人总是认定别人能够成功，全是因为幸运女神的垂青，却看不到努力的作用。这样的人，除了一味地怨天尤人外，什么都不会，又怎能收获成功的人生呢？

运气不是一个人与生俱来的，而是由人的一举一动、一砖一瓦构筑出来的。一个从不努力的人，自然不会得到丰收的运气；一个总是怨天尤人的人，自然不会得到乐观的运气；一个永远不敢尝试新鲜事物的人，自然不会得到打破成规、创新天地的运气。

等待运气不如创造运气，就如日本西田文郎所言："我敢如此断言，因为幸运是有原则的，只要遵循着幸运的大原则去生活，人生就会一路幸运，好运挡也挡不住。"

著名剧作家萧伯纳曾说过一句非常富有哲理的话："人们总是把自己的现状归咎于运气，而我不相信运气。我认为，凡出人头地的人，都是自己主动去寻找自己所追求目标的运气；如果找不到，他们就去创造运气。"所以，当我们苦苦等待，却依然没有遇到幸福机会的时候，何不主动给幸福制造一个机会呢？

■ 不能跟随潮流，等待你的只有淘汰

世界每时每刻都在转动，时代在发展，社会在进步，

这就要求你不断地注意观察周围的环境。如果环境已经变化了，而你仍然故步自封、原地踏步，便会"逆水行舟，不进则退"，无疑会被无情地淘汰。

目前西方白领阶层流行这样一条知识折旧定律："一年不学习，你所拥有的全部知识就会折旧80％。你今天不懂的东西，到明天早晨就过时了。现在有关这个世界的绝大多数观念，也许在不到两年的时间里，将成为永远的过去。"

每一天我们都处在不断折旧的过程中，如果你感到恐慌、焦虑、担忧，那么最好的解决办法便是始终保持积极进取的态度，不断学习新的知识、技能，用新思想、新观念、新方法来"包装"自己，适应新的工作环境。

这时你应该已经明白了你每天都在和众多的人竞争着，不是成功不青睐你，而是你的能力和经验还没有提升到相应的档次。因为每一次的成功都意味着站在更大的平台上，需要承担更多的责任。在这个过程中，你得有足够的能力、素质面对这些复杂与困难的局面、形势。

所以，不论身在什么岗位，我们都不能站在原地不动，学习的脚步不能稍有停歇。唯有不断地学习，不断地自我更新，不断地增强自己的竞争优势，我们才有脱颖而出的机会，获得难得的成功机会。

美国戴尔公司创始人、董事会主席兼 CEO 麦克·戴尔就是通过不断学习、提高自己，进而做出一番辉煌的事业的。对于自己的成功，他如是总结："无论我在企业处于什么位置，无论我自己身处何处，我都对自己说：你是永远的学生。"

在我们身边，有些人尽管出身卑微，或身陷不幸，或饱受折磨，但是他们正是凭借不断地学习，能够高效地工作，赢得众人的赏识，走出一条成功之路。让我们看看上海宝钢集团发明家孔利明的故事吧。

孔利明，上海宝钢股份有限公司运输部高级技师，多次被评为""劳动模范。大专毕业后的他从上海运输一厂调到宝钢工作，原以为干老本行驾轻就熟，但是宝钢的工作设备比较先进，现代科技发达，都是电脑和电子集成电路等技术，这让孔利明感到底气不足，但他并没有被吓退。

不会使用电脑显然已经落后了，为此孔利明在工作期间先拜儿子为师，从基本的打字开始。为了掌握电脑软件、硬件的设置、调试和修理，他干脆买了一台电脑开始"研究"，拆了装，装了拆，直到弄明白为止。现在，电脑已经成了他离不开的工具。

为了掌握最先进的科技，孔利明买来了各种电气、机械的书籍，起早贪黑，放弃各种娱乐活动和家务，挤出时间如饥似渴地学习，完成了电气自动化的大专学业，又继续攻读了本科。为了延续在厂内的技术创新试验，他还把客厅辟为实验室；他还常常去宝钢教育培训中心取经……

凭借不断学习和钻研的精神，孔利明为宝钢解决了各类设备疑难杂症 340 个，拥有专利 55 项，连续四年摘取中国专利新技术、新产品博览会金奖，创造经济效益 14 万余元，被提拔为高级技师。

"吾生也有涯，而知也无涯。"一个真正有志向、渴望充实并造就自己的人，他们大多懂得时时积极进取的重要性，通过各种途径不断汲取知识，使自己的视角更加开阔，思维更加全面，从而对各类问题应对自如。

追随社会和行业的发展趋势，及时做出相应调整，孜孜不倦地有效学习，不断充实和完善自己，让我们跟上世界的步伐吧！如果你能够做到这一点，将会成为成功场上永远的佼佼者，生命的价值也将得以升华。

■ 没有经过反省的生命，是不值得活下去的

在生活中，当你犯错时，你会怎样做出回应？

"我不是故意的""这不全是我的错""本来不会这样的，都怪……""谁都会犯错，不用大惊小怪吧"……类似这样的话语，你是否说过？如果是，那么或许你该好好

想一想，停滞不前的自己，毫无改善的生活，失去希望的前途，根源到底在哪里。

在这个世界上，大多数人是平庸的，因为他们缺乏自省的习惯，从来不会自我审视，以至于根本不清楚自己身上所发生的变化，不清楚自己的本质。一个连自己究竟是什么样的人都不清楚的人，自然不可能由过去的经验来思考自己的未来。故而，这样的人往往只能过一天算一天，平庸地消磨完一生。

相反，如果一个人能随时诘问自己过去的转变，那么他就可以在不断的琢磨中判断出以往看待事物的观点是否存在偏颇。若是没有问题，以后当然可以继续以此眼光去看待这个世界；万一有所不足，也可以加以修正。如此，便可以在不断的琢磨和思考中，提升自己的修养与思想，让自己有所进步。

在生活中，很多人缺乏自省的习惯，或者说勇气。在犯错时，找借口、逃避责任、指责别人，几乎已经成为大部分人的下意识的反应。正因如此，许多人在漫长的一生中没有真正认清自己的本质，所谓"江山易改本性难移"。正因如此，连自己的本质都看不清楚、认不明白，怎么能奢望有所改善呢？

正如苏格拉底所说的："没有经过反省的生命，是不值得活下去的。"有迷才有悟，过去的"迷"，正好是今日

"悟"的契机。因此，经常反省，检视自己，才可以避免偏离正道。

著名作家梁晓声是个非常善于自省的人。他在自己的随想录里曾回忆说，少年时代的自己，曾是个非常喜欢撒谎的孩子，尤其是在面对错误的时候，总是企图用谎言为自己推卸责任。幸好，他很快地意识到，这种撒谎的行为虽然能在某些时候让他逃避别人的责难，但常常使他产生浓重的内疚感，这让他一度陷入矛盾和痛苦的纠结中。后来，通过坚定的自我反省，梁晓声努力抑制住了自己爱撒谎和推卸责任的不良习惯，消灭了一种消极品性滋长的可能性。

自省成为梁晓声人生道路上的一个非常重要的好习惯。他说："我的最首位的人生信条是：'自己教育。'"正是通过这种"自己教育"的方式，梁晓声清楚地认识到自己性格中的种种不足和消极因素，并自觉地抑制了这些因素的扩张，从而让自己成为更加优秀的人。

俗话说得好，"金无足赤，人无完人"。在这个世界上，没有谁是十全十美的，任何人都有缺点和错误。有错误或缺点并不可怕，可怕的是我们无视它，不去改正它，从而让自己停滞不前。反省就像一面镜子，它能将我们的错误清清楚楚地照出来，使我们有改正的机会。任何一个优秀、严于律己的人，相信都不会拒绝一个纠正自身错误、改正自身缺点的机会。

《论语·里仁》中说："见贤思齐焉，见不贤而内自省也。"意思是说，要是看到别人的优点，就要向别人学习，设法使自己也具有同样的优点；相反，如果看到别人的缺点，就要积极反省自己，看自己身上是否也存在类似的缺点。这句话无疑为我们不断反省和完善自己，提供了一个很好的启示。

著名作家路德·杜德利曾说过："在文学上，我总是只与我认为很不错的老朋友交往，我的朋友是经过我长期选择的，和我的朋友们在一起，我总能从他们身上发现需要我学习的东西。于是，我变得越来越崇高，创作的愿望也越来越强烈。我总能从我的朋友那儿得到'益处'，他们十之八九是这样的。"

每个人都是我们自身的一面镜子，从每个人身上我们能发现自己身上所存在的优点与不足。无论多么优秀的人，也不可能拥有所有的优点，而看上去十分乏味无趣的人，必然会有自身的一些长处。当我们看到他人的时候，若是能时时想到自己，反省自己，那么必然能让自己在不断的自省与打磨中，变得越来越优秀。

反省是心灵镜鉴的拂拭，是精神的洗濯，涵盖了我们整个生命的全部内容。一个具备反省能力的人，一定是具有自我否定精神、能不断提高自己的人。任何非凡的成就，都不是随随便便就能取得的。无论是做人还是创造作品，都不可能一开始就完美无缺。优秀的作品，是在一次次的修正中呈现完美的；优秀的人，是在一次次的自省中不断进步的。

■ 痛苦可能随时光临，你要做好最充分的准备

人们都希望自己的人生多一些顺利、少一些挫折，多一些快乐、少一些痛苦，可是这只不过是美好的希望罢了。就像一杯咖啡，苦涩中带着一丝甘甜，我们无法只品尝那份甜味。生活给人们带来快乐、幸福的同时，也会给人们带来痛苦、失落、不公、失败……

这时候，你应该怎么办？是抱怨，还是坦然地接受？

诚然，在现实生活中，我们总是会遇到这样那样的不公和痛苦。比如，你在单位拼命工作很多年，老板却把晋升的职位给了一个亲戚；有些人不学无术，但老天似乎总是对他一路绿灯，而你很努力、勤奋，却处处碰壁……这样的事情确实令人难以接受，但很多时候，面对这些不公和痛苦，我们确实没有能力去改变。于是，有的人因此心情郁闷、灰心丧气，甚至可能怨天尤人，愤世嫉俗。

但这样又能改变什么呢？不公不会因我们的抱怨而消失，痛苦也不会因我们的愤世嫉俗而离去。如果我们只是沉浸在痛苦之中，只会给自己的生活增加烦恼，根本无法改变什么。既然改变不了什么，那么为什么不改变自己的

心态呢？

他从小就生活在一个家境不错的环境中，没有经历过什么苦难和挫折，后来也顺利地考上了大学，就读了一个自己喜欢的专业。毕业后，当别人还在忙着找工作的时候，他已经和一家不错的公司签了约。那年，他才 24 岁，前途可以说是一片光明。

他满怀希望和信心地走上了工作岗位。然而，接下来的一切却让他始料未及：公司人才济济，他虽然优秀但并不是出类拔萃的一个；他从小养尊处优惯了，说话做事率性而为，不懂得收敛，经常在部门中碰壁，领导也批评他做事毛糙、太过年轻气盛……这一下，没有经历什么挫折的他，感觉很沮丧。

回到家中之后，他时常向父亲抱怨在公司遇到的不公和不愉快。父亲并没有安慰他，而是给他讲了一个故事：

一个人在一次车祸中不幸失去了双腿，朋友和亲戚感觉这个人实在太可怜了，于是都前来安慰他。可是，他却回答说："这事的确很糟糕。但是我很幸运，因为我的性命保住了。我感觉自己非常幸运，可以和你们一样每天看着太阳照常升起，呼吸新鲜空气。虽然我失去了双腿，可是我却得到了比以前更珍贵的东西。"

父亲说："这个人很聪明，因为他知道自己失去了双腿，既然事情已经发生了，即便再抱怨、再痛苦，也是无济于事。既然痛苦来临了，自己就应该坦然接受，这样才能继续快乐地生活下去。而你只是遇到了一些小问题，就开始沮丧抱怨，这样怎么能做好工作、成就事业呢？作为一个社会新人，遇到问题是非常正常的，你应该换一个角度，把这种不愉快看作是对自己的砥砺，这样你才能逐渐变得成熟。"

听了父亲的一番话，他顿时想通了。之后，他开始改变自己，用积极乐观的态度看待问题，而过去对他的批评也变成了积极向上的动力。正因如此，他的工作态度变得主动热情，能力日益提高，老板自然对他刮目相看，涨薪这事也就水到渠成了。他的情况为何发生了改变？是他所在的公司不一样了吗？是他的老板换人了吗？不是！公司是同一家，老板也没有变，是他自己发生了改变。

人们常说，抱怨不如改变。抱怨会让人变得消极，陷入可悲的循环：越是觉得自己不幸，越是觉得痛苦，就真的对一切都无能为力，更多的麻烦和痛苦就会找上门来。

在面对痛苦和不公的时候，人们的心态非常重要。当你无法接受生活不好的一面时，往往会将自己的不如意统统归咎于生活，在怨天尤人中消耗光阴，浪费生命。但如果你能坦然接受这一切，用豁达的心态面对生活的不如意时，反而会积极地用行动改变自己，进而改变生活。

生活究竟是什么样子，痛苦还是快乐，公平还是不公，完全掌握在你自己的手中。只要我们用心去体现，用平常心来面对痛苦，用积极向上的心态来面对所谓的不公，那么快乐就是你人生的主题。

美国著名小说家塔金顿年轻时曾蒙眼体验过一次盲人生活，事后直呼"受不了，太可怕"，并断言"我可以忍受一切变故，除了失明，我绝不可能忍受失明"。可是在他60多岁的时候，有一天塔金顿正在低着头扫视房间地面上的地毯时，突然发现自己看不清地毯的颜色和图案了。于是，就去医院检查，医生告诉了他一个不幸的消息：他的视力正在减退，其中一只眼已几近失明，另一只眼的情况也很糟。

塔金顿最恐惧的事发生了，家人都以为他会沮丧、抱怨，甚至自暴自弃。但塔金顿没有，他的反应很平静，反而宽慰家人说："虽然我不喜欢发生这样的事情，但我知道自己无法逃避，所以唯一能减轻痛苦的办法，就是爽爽快快地接受它。"为了恢复视力，塔金顿在一年之内做了12次手术，但他从未因此而烦恼过，还经常鼓励病友振作起来。眼球里有黑斑浮动，会挡住塔金顿的视线，当有人问他是否感到不便时，他幽默地说道："当它们晃过我的视野时，我会说：'嗨！天气这么好，你要到哪儿去！'"

塔金顿积极地适应着这样的生活，最终他的视力居然恢复了。在谈及自己的那段经历时，塔金顿感慨道："即便我的眼睛失明了，我还可以靠思想生活。我有终生追求的理想，我有爱我和我爱着的人……这件事教会我如何忍受，而且使我了解到，生命所能带给我的，没有一样是我能力所不及而不能忍受的。"

有时候，现实真的非常残酷和无情，我们根本没有办法改变，但这就是真实的世界。你可以不喜欢，但有些事终究是要面对的，逃避解决不了任何问题，抱怨也改变不了任何事情。痛苦与幸福总是如影随形，当你拒绝接受痛苦的时候，同时也在远离幸福。

生命并不是只有一种形式，有明媚的美好，也有残酷的黑暗，有快乐，也有痛苦。当痛苦和不公来临的时候，不如好好地做好准备，微笑地面对它。当你真正改变，准备做真正的自己的时候，你会发现痛苦和不公自然就会消失，幸福也已经被你拥入怀中。

■ 你一直落后，是因为别人没有像你一样停下来

当曙光刚刚划破夜空，一只羚羊猛然地从睡梦中惊醒，然后快速地跑了起来。

羚羊心想："如果慢了，我就可能会被狮子吃掉！"

就在羚羊醒来的同时，一只狮子也从睡梦中惊醒。狮子心想，"赶快跑！如果慢了，羚羊跑了，那我就可能要

饿死"。

谁快谁就赢，谁快谁生存。在弱肉强食的生物界里，不论是位处食物链顶端的"万兽之王"，还是以吃草为生的羚羊，都面临着生存问题。如果羚羊跑得快，狮子就可能饿死；如果狮子跑得快，羚羊就可能被吃掉。即便两者实力悬殊，即便狮子看起来似乎有很大的胜算，但也丝毫不敢怠慢。

速度往往是胜负的决胜点。竞赛以快取胜，搏击以快打慢，跆拳道讲究心快、眼快和手快。军事上说"先下手为强"，而商场上的大老板所奉行的哲学，早已从"大鱼吃小鱼"演变为"快鱼吃慢鱼"。

无论是在蛮荒时代，还是文明时期，这一点都不会改变。你慢了，就抢不到食物，甚至会被人"吃掉"。人生的游戏规则就是如此，唯有在时间上领先，才有机会在其他部分领先，慢一步的后果就是与机会擦身而过。因为速度决定一切，谁快谁就会赢得机会，代表着比对方更优秀。

对于这个世界上的大多数人来说，他们所能够获得的先天速度往往相差不大，因此，在后天的竞争中，能够获得最终胜利的往往是那些不怕苦、不怕累，愿意付出更多的人。当所有的人都在奔跑时，谁先停下，谁就会被甩到后面。

在竞争的过程中，哪怕仅仅只是差之毫厘，结果也将天差地别。就像赛马，跑到终点的第二匹马与第一匹马，有时候可能仅仅只相差一个马鼻子（几厘米），但冠军与亚军却注定有天壤之别。虽然我们都很清楚，第二名的实力未必比第一名差多少，但现实总是无情的，能被群众记住的，往往只会是首先抵达终点的那个人。

可是，人难免会有惰性，也很容易为自己寻找借口。在前行的过程中，谁都会有想要停下脚步、偷懒一下的念头，这是很正常的。并且在这个时候，人们往往可能会安慰自己："我不过就是偷懒一下，应该没有什么关系吧！"

如果这样的想法入侵大脑，请赶紧停止，千万不要再自我安慰了。日本SONY的创始人盛田昭夫说过："如果你每天落后别人半步，一年后就是183步，十年后就是十万八千里。"这个数字是不是很惊人？

越是繁华的大城市，人们的生活节奏就会越快，相应地，它所能为人们提供的资源也就越多。走在繁华大都市的街道上与走在小城镇的街道上，体验是完全不同的，而这种不同并非源于街道或商店的热闹繁华程度，而是源自街上人们走路的速度。在大都市，你很难看到悠闲漫步的人，这里的时间似乎要比小城市宝贵得多，哪怕放松一分一秒，都可能有无数人赶超到你的前方。

如今的世界是一个快节奏的社会，你只有事事比人快一步，你的人生才能步步领先。所以，从今天起，逼着自己比别人快一点吧！当你想要停下的时候，请告诉自己，那些在你前方的人依旧在奔跑，你与他们的距离已越来越远；当你想要休憩的时候，请提醒自己，那些和你在同一水平线的人们并没有停下来，他们正在不断地往前跑，想要超过你；当你想要偷懒的时候，请告诫自己，那些正在追赶你的人并未放慢脚步，就要追上你了……

当然，每个人都有不同的价值观，选择快生活未必就一定比慢生活好。但是，我们每个人都应该明白一点：要想站上成功的巅峰，要想超越平凡的生活，就必须接受竞争，适应竞争，在竞争中绷紧你人生的琴弦。如果你所追求的是悠然的漫步，是率性的舒缓，那么就不要抱怨生命的平凡、艳羡繁华的精彩。

○ 第四章

● **要对自己狠一点，生活终将为你的"自残"点赞**

令你景仰的那些成功者，其实都是狠人。他们不仅对成功有狠心，对自己尤其能够下狠手。正是那种"咬碎钢牙和血吞""不达目的死不休"的狠劲，才给了他们今天的风光和人前的荣耀，而这种狠劲，现在正是你所需要的。

■ 自己多心软，生活就会对你多无情

有人说，独夫之罪可修复，平庸之恶不可修复。细思之，此言不虚。

独夫，如秦始皇这样有权威性人格的人，发作起来山

河变色，天崩地裂，会让很多人遭受牵连。平庸之恶不声不响，不显山不露水，所以常常被人所忽视。

独夫之罪虽然可怕，但还没有可怕到无法修复的地步，否则就不会有今天的文明世界。平庸之恶虽不触目惊心，但它不可修复，会让你觉得舒适、好玩，心甘情愿地接受它。然而，接踵而至的却是你的信仰丧失，希望丧失。这是我们这个时代很多人的症状。亦如王朔笔下的橡皮人，"没有神经，没有痛感，没有效率，没有反应。整个人犹如橡皮做成的，不接受任何新生事物和意见，对批评表扬无所谓，没有耻辱和荣誉感"。他们"占着位子不干事，拿着工资不出力""平时做敲钟和尚，遇事当甩手掌柜"……平平安安占位子，疲疲沓沓混日子，形如摆设，状如木偶。

平庸之恶的最大危害，就是让我们今生今世、一生一世远离幸福感。

大学毕业时，北京一家著名上市公司在众多求职学子中一眼就相中了王云峰，聘请他担任企宣一职。刚进公司那会儿，风华正茂、意气风发的小王整天激情饱满，不避劳苦。由于部门人员少、任务重，产品软文、领导讲话、工作总结汇报等一大堆的工作只能由他一个人来完成，这还不算，跑腿打杂、安排吃饭、跟班出差等各种杂活也都摊派到了他的身上。很多时候，其他部门的同事下班了，他还在办公室里埋头苦熬，加班写材料。

连小王自己都记不清了，多少个节假日，为了赶发言稿或者写材料，大家都结伴玩耍去了，他还在办公室里孤苦伶仃地熬夜奋战：累了饿了，就吃一块士力架；渴了困了，就喝一罐红牛。

小王的工作态度和业绩很不错，也得到了领导和同事的认可，本来他以为用不了多久就能得到提升，尤其是部门主任调走以后，小王心想这个位置应该非自己莫属了。没想到，集团人事大调整，空降一名新主任，小王还是跟以前一样，一边做企宣，一边打杂。这件事对小王来说，简直是一种凶狠的蹂躏，让他的心态出现了"乾坤大挪移"，激情不再，追求不再，懒懒散散，拖拖拉拉。刚开始，有时不能及时完成工作，领导委婉批评几句，他还心存几分愧疚。但一想到自己的处境，干好干坏一个样，升官发财貌似没有指望，他那点儿愧疚感就荡然无存了。后来领导批评多了，他也不解释、不反驳，总之麻木了。

看到他这个样子，亲朋好友都劝他换个环境重新开始，但他觉得公司效益稳定，待遇不错，一直下不了这个决心。后来，他看到跳槽的同事也没有什么更好的发展，就彻底死心了，继续混着。

转眼过了三年多，小王对于自己的职业前景已经不再抱任何奢望。他经常自嘲自己就是个"橡皮人"，对新生事物懒得接受，对批评表扬都无所谓，既没有耻辱感，也没有荣誉感，一个词就是麻木。他常说："累死累活也是活，混一天也是活，工资又不会少，何苦让自己那么辛苦呢？"

的确，这几年小王的工作变得越来越轻松。然而，在今年的人事调整中，没有任何背景又整天混日子的小王，第一个就被请走了。

一个玩世不恭的人，只知享乐，打发无聊的日子，让大好的时光白白地流逝。他没有创造，也没有真正的享受，有的只是挑剔的生活，这对他来说没有一样能真正给他带来快乐的东西，因为不是他创造的。

现在的你，可以贫穷，可以没有男朋友或女朋友，可以穿不起名牌、买不起房子……但是有一样东西你一定要拥有，一定要守住它，这就是激情。没有激情的人生犹如一潭死水，恶臭浑浊。

你应该趁着自己还年轻，拉开架势去折腾，别让自己进入精神枯竭和绝望的状态，即便现在我们处在困厄，也要去追求、体会幸福。有一天，当你情难自禁地被自己深深地感动、泪流满面而默默无言的时候，你就会在这个一切都不确定的时代，体会到一种不容置疑的确定性。这种确定性来自生命本身，来自生命对自身的祝福和肯定。

事实上，不管你努不努力，总有人在努力。不要当别人远远把你甩在身后，当原本属于你的机会成为他人的囊中之物时，你再捶胸顿足、追悔莫及。

■ 给自己一点压力，别让自己没有动力

都市生活充满了激烈竞争，自然我们也承受了很多压力。这些压力来自工作、学业、经济，也来自感情、婚姻、生活。于是，很多人开始抱怨，生活压力实在太大了。在这种情况下，很多人无法承受压力，情绪低落，心理焦虑，甚至感到几近窒息。可是，并不是所有人都会被压力压垮，也有一些人能够在压力之下活得轻松自在。

我们不禁要问，为什么这些人能够轻松地面对压力呢？难道他们有什么异于常人的智慧？

其实，这些人如你我一样，都是普普通通的人。只不过，他们能够勇敢地面对压力，善于把压力置于自己的背后，让其成为一种推动力，迫使自己不断前进。压力无处不在，过多的压力会让人喘不过气来。但是如果生活没有任何压力，就会像空舱的船只一样。

一艘货轮卸货后在返航的时候，突然遭遇巨大风暴，大家都惊慌失措了。就在这个危急时刻，老船长果断下令：

"打开所有货舱，立刻往里面灌水。"往货舱里灌水？水手们惊呆了，这个时候本来就危险，怎么还能往里面灌水呢？险上加险，这不是自己给自己找麻烦吗？不是自找死路吗？

只听老船长镇定地解释道："大家见过根深干粗的树被暴风刮倒过吗？被刮倒的是没有根基的小树。"水手们半信半疑地照着做了。虽然暴风巨浪依旧那么猛烈，但随着货舱里的水越来越高，货轮渐渐地平稳，不再害怕风暴的袭击。

大家都松了一口气，纷纷请教船长是怎么回事。船长微笑着回答道："一只空木桶很容易被风打翻，如果装满了水，风是吹不倒的。一样的道理，空船是最危险的，给船加点水，让船负重才是最安全的。"

空舱的船只是最危险的，因为遇到暴风雨就会被彻底打翻。给船加点水，让船负重，才是最安全的。其实，人生何尝不是如此？人生没有了压力，生活就会失去动力，失去激情，只会让人庸俗不堪。而适当的压力，可以避免人们懒散，提醒自己要向着目标一步一步地靠近，让生活变得更加充实、精彩。在生活中，在这个四周充满竞争的社会里，谁要是拒绝压力，谁就注定无法生存。

很多人喜欢安逸的生活，可是殊不知，沉湎于安逸的生活就等于慢性自杀。它虽然没有艰难困苦，没有刀山火海，更没有任何压力，可是它却可以逐渐地消磨你的意志，腐蚀你的心灵，甚至让你失去原本的理想。在毫无压力的生活中，人们逐渐主动放下进取心，放下实现自我的动力，只是享受懒散的生活。一旦环境发生了变化，生活不再那么顺利，这样的人就会彻底被击垮。

一位哲人说过："要想有所作为，要想过上更好的生活，就必须去面对一些常人所不能承受的压力，你得像古罗马的角斗士一样去勇敢地面对它、战胜它，这就是你必须走的第一步。"所以，生活中最宝贵的东西不是安逸，而是适当的压力。大大小小的压力虽然可能让我们遭遇失败，可能会打击我们的自信心，但是它是成功最好的动力。

美国麻省的艾摩斯特学院曾经做了一个很有意思的实验。

实验人员用很多铁圈把一个小南瓜整个箍住，然后观察当南瓜逐渐长大时，能够承受铁圈多大的压力。最初他们估计南瓜最大能够承受大约5磅的压力。在实验的第一个月，南瓜承受了5磅的压力；到第二个月时，这个南瓜承受了15磅的压力；当它承受到20磅压力时，研究人员必须把铁圈捆得更牢，以免南瓜把铁圈撑开。最后，整个南瓜承受了超过50磅的压力，瓜皮才产生破裂。

最后的实验是，实验人员把这个南瓜和其他南瓜放在一起，试着一刀剖下去，看质地有什么不同。当别的南瓜都随着手起刀落噗噗地打开的时候，这个南瓜却把刀、斧子弹开了，最后用电锯锯开：它的果肉的强度已经相当于一株成年的树干！因为在试图突破铁圈包围的过程中，这个南瓜正在全方位地伸展，吸收充足的养分，最终让果肉变成坚韧、牢固的层层纤维。

其实，我们并没有自己想象的脆弱，大多数人能够承受的压力往往超过自己的预期。只要我们积极应对，人们的承受力将会是潜力无限。只要我们能够用积极的态度和行动去应对压力，就可以发掘潜在的能力，让人生变得更加美好。

因此，压力不是什么大不了的事情，关键是我们如何看待。在压力面前，勇敢地面对，把压力化作动力，在压力的不断鞭策下，迫使自己不断前进，压力就成了成功的催化剂。我们要想在激烈的职场竞争中取胜，在工作的方方面面做到精益求精，就必须学会与压力共存，化压力为前进的动力。

从这个意义上说，我们需要好好地感激压力，因为压力让我们的人生变得更精彩，更有活力。不要做一个懦弱者，更不要做一个逃避者，微笑着面对生活压力，我们就会变得更加强大，从焦虑到安然，从平庸到成功。

■ 强迫自己，才能出人头地

一块石头想变成一尊佛像，需要经过千刀万剐才能成型，人生哪有不经苦难就能直达彼岸的？有些东西我们的确无法改变，如出身贫寒、相貌不好，抑或是天灾人祸，这些都是封住我们生命光辉的"茧"。但有些东西却是我们可以选择的，如努力、志气和勇气，而它们正是帮助我们穿破命运之茧破茧成蝶的利刃。

人是训练出来的，人才是折磨出来的，富翁是折腾出来的，大富翁是垂死挣扎出来的。所以想要出人头地，不狠狠地逼迫自己一把，怎么可能获得成功？

有个人不但相貌丑陋，还患有十分严重的口吃，又因疾病导致左脸局部麻痹，嘴角畸形，一只耳朵失聪。别的孩子看见他时，总是掩饰不住流露出鄙夷之色。

这个孩子或许天生就是个生活的强者，他比一般的孩子更快地走向了成熟。他那畸形的嘴角，似乎随时都能嚼碎别人嘲讽的话语；他那失聪的耳朵，听不进任何人的奚落和侮辱。虽然他也深深自卑过，那颗心一度就像一只脆弱的蛹，但是他更有披荆斩棘的意志，下决心要自己咬破那些厚重的、令人窒息的"茧"。

为了出人头地，他得付出更多的努力。当别的孩子还在玩具堆里开心玩耍时，他就已经在茫茫书海中泛舟前行；当别的孩子还在咀嚼香甜可口的巧克力时，他却把书本嚼得津津有味；别的孩子排斥他、疏远他，他就在书籍中寻找能够促膝而谈的智者。他用书本上的知识磨砺了自己坚忍的品质和永不言败的精神。

为了矫正自己的口吃，他模仿古代一位有名的演说家，用嘴巴含着小石子讲话。他相信柔软的舌头能比石子和口吃的顽疾更坚忍。看着儿子被石子磨烂的嘴巴和舌头，母亲痛哭不止："别练了，孩子！妈妈会照顾你一辈子的！"他拭去母亲眼角的泪水，平静而坚定地说："我要做一只美丽的蝴蝶。"功夫不负有心人，历经这种自残似的长期训练以后，他终于战胜了口吃，能流利地讲话了。

高中毕业时，他不仅成绩让人刮目相看，还顺利考取了一所名牌大学的法律专业。此时再也没有人嘲笑他，相反，他得到了大家的敬佩和尊重。

毕业后，母亲为他找了一份不错的工作，希望他能按部就班地顺利过完一生。他同样平静而坚定地对母亲说："妈妈，我要做一只美丽的蝴蝶。"

后来，他去参加总理竞选。当时，对手用心险恶地利用电视广告夸张他的脸部缺陷，结尾还附上这样的广告词："你要这样的人来当你的总理吗？"但是这种带有明显人格侮辱的、极不道德的人身攻击，引起了大部分选民的愤慨和斥责。当他为之所做的努力被民众知道以后，更为他赢得了极大的尊敬，他高票当选为国家总理。

他用讲话时总是歪向一边的嘴巴向民众郑重承诺："我要带领国家和人民成为一只美丽的蝴蝶。"从那以后，这句竞选口号就成为人们广为传诵的名言。他就是加拿大第一位连任两届，被人们亲切地称为"蝴蝶总理"的让·克雷蒂安。

请相信命运给你一个比别人低的起点，是希望你用一生去打造出一个绝地反击的故事。这个故事不是一个顺理成章、水到渠成的童话，没有一点人间的烟火感。它是有志者，事竟成，破釜沉舟，百二秦关终属楚；是苦心人，天不负，卧薪尝胆，三千越甲可吞吴！

也许，此时此刻你还在羡慕那些不费吹灰之力就已平步青云的人，但那毕竟只是少数的幸运儿。总有一天你会知道，就大多数人来说，那些能够扛起人生重荷在泥泞与荆棘中步步向前，一直坚持到最后的人们，才是走得最远、最好的。

■ 把别人的轻视，当作成长的功课

有这样一句话，感谢轻视你的人，因为他磨炼了你的自尊。打败别人的轻视其实很简单，那就是再努力一点。谁都希望人与人之间的交往能够坦诚相待，但是人们的身边往往有一些人不仅在你努力的时候不去喝彩，甚至会冷嘲热讽。对于这种现象，首先要保持冷静，不要轻易地恼怒。

接下来怎么做呢？告诉你，用事实去反驳一个人，比用言语要有力得多。当困难来临的时候，你只要咬紧牙关，努力一点，再努力一点，就能让那些轻视的目光变成敬佩。要知道，无论从事哪一项工作，只要肯付出，在艰难的时刻选择努力一点，将会取得意想不到的成就。

保罗·乔治本是维也纳地区一名在当地很有名望的律师，但是非常不幸的是，他赶上了第二次世界大战的爆发，被迫逃到瑞典生活。

来到瑞典以后，他想要尽快找到一份工作，否则就要露宿街头了。他起初依旧想做律师行业，但是很快就发现这里的本地律师已经没有多少业务了。于是，他降低了自己的要求，由于他熟练地掌握了好几门外语，所以希望能够进入一家进出口公司担任秘书的职位。但是由于战乱的关系，很少有公司还能提供新的职位。

在应聘的过程中，保罗·乔治遇见了一家让他十分气愤的公司。乔治清楚地记得，当时负责招聘的人所说的话："你对我们的生意了解太少了，完全不理解这个工作的性质，就连用瑞典文写的求职信也是漏洞百出。我们根本不需要任何替代我们写信的秘书，即便需要，也不会请你。"

乔治当时就火冒三丈，但是转念又想到："或许这个人说得有道理。我虽然学过瑞典文，但并不是十分熟练，可能在信中犯下的错误我自己都没有意识到。如果真是这样，我还要继续努力。"

于是，乔治换了一个笑脸说："谢谢您在百忙之中抽时间来接待我，并且相当诚恳地指出我的不足和缺陷。由于个人原因，我并不知道我的信上有那么多的文法错误，很是惭愧。但是我打算继续学习瑞典文，直到我能写出一封准确无误的求职信。"

大概半个月以后，这家公司收到了乔治新的求职信。在这封信里，你看不到一处文法错误，并且对公司业务提出了一些基本看法。这家公司负责招聘的人很快就想起了乔治，他对乔治的进步感到十分吃惊。当然，乔治很快就来这家公司上班了。

当乔治被招聘人员轻视的时候，他没有选择立刻反驳，而是选择了继续努力。正是这一进步打动了招聘者，也让他得到了工作的机会。

现实生活中，我们或多或少会遇到像乔治那样的人生困境，在别人轻视的目光中做到内心不乱、脚步沉稳，并不是一件简单的事情。他需要一个人的内心拥有强大的力量。这种力量就是对自己目标的执着与坚定，相信自己能够走出一时的黑暗，并且慢慢地走下去，坚持下去。

小张是一家数码产品公司的技术人员，每次公司研制新产品时，他是能推则推，很少自己干。当别人问及原因的时候，他总是说害怕失败，害怕别人说他逞能，害怕自己失败时无法承受别人轻视的目光。而他的同事小王则不同，每次公司研制新产品、推出新项目的时候，他总是根据自己的能力，大胆地接手去做。一年以后，小王已经是公司的技术总监，而小张仍然是公司的一个技术员。

没有压力，人永远不知道自己的潜力到底有多大。当面临别人轻视的目光时，人们往往有两种选择：自信的人目光如炬，目标坚定，相信自己最终能够解决问题，当然最终他们往往能够取得很好的成绩；而自卑的人总觉得自己做不好，在选择中瞻前顾后，最终丧失了机遇，明明想避免人的轻视，但最终还是无法摆脱被轻视的命运。

人们为什么会惧怕轻视，其实细想一下，就会发现这源于一种对自己、对未来的不自信。但是换个角度想一下，当被别人轻视的时候，实际上正是接近成功的时刻。既然自己从事的工作或者进行的努力还有人在不断地关注，那我们有什么理由不把这件事情做好、做成功呢？

将你正在做的事情，慢慢做下去吧，尽情地展现自己的才华，你定会赢得众人的喝彩。

■ 想要活得更好，就要比别人跑得更快

武侠小说中说："天下武功，唯快不破。"

这句话究竟有没有道理？有人用自己的亲身经历对此做出了一番解释。他说：

大学时候他有个同学，长得瘦瘦小小的，细胳膊细腿，看着就没有战斗力。但那家伙却一直声称，他这辈子打架从来就没吃过亏。这话很难令人信服，这个人也一直认为他那位同学不过是因为爱面子所以吹嘘罢了。直到有一次，他亲眼见证了这一切。当时，这个瘦小的同学和一个大个子闹了矛盾。那大个子来堵他，结果只见他"嗖"地跳起来，以迅雷不及掩耳之势给了大个子一个响亮的大嘴巴子，然后掉头就跑。大个子怒不可遏，追着那小子狂奔了数十里，可那小子实在跑得太快了，大个子硬是拼了命也没能挨着他的边儿……

天下武功，真是唯快不破啊。

当然，这都是玩笑话。但有一点绝对没错，那就是在大多数时候，做大多数事情时，够不够快，往往真是制胜的关键。

比方说打架，你出拳够快，别人打你一拳，你可以

打他三拳，怎么算都不吃亏；比方说卖东西，你比同行更快推出新商品，就能抓住先机，抢占市场，比别人卖得更多，赚得自然也更多；比方说报道新闻，你比其他媒体更快地把消息爆出，就能率先吸引公众的关注度，赢得时效性。

社会资源总是有限的，你越是反应快、速度快，那么就越有机会争抢到更多的资源。如果你总是姗姗来迟，那么好东西自然也就所剩无几了。所以，在抱怨自己总是抢不到机会、得不到好东西的时候，不如先反省一下，你是不是来得太慢了些。

湘西处处有水，渡船和桥是那里最常见的风景，尤其在偏远的村子里，很多地方只有独木桥可以通过。

就在那样的一个小村子里，有两个农民，我们暂且称呼他们为小甲和小乙。小甲和小乙每天都要挑菜去遥远的集市贩卖，而要去集市，他们就必须通过一座独木桥。

每天早上，小甲挑着菜来到独木桥边上的时候，都会发现小乙在他前头过桥。独木桥非常狭窄，看上去并不那么结实，一次只能通过一个人。因此，每天小甲必须在桥边等着小乙过桥后才能过去。

可问题是，独木桥那头就是集市，每天小乙才一过桥，许多顾客就蜂拥而上买光了他的菜。而等小甲过桥以后呢，由于不少人已经买到菜了，所以买他菜的人就变得非常少，以至于小甲的菜经常卖不完。

有一天，忍无可忍的小甲找到小乙，不高兴地冲他抱怨说："大家生活都不容易，你怎么能每天都走到我前面，把生意都抢走呢？你这个人实在太不厚道了。"

听到小甲的话，小乙很是无奈，摇摇头说道："不是我不厚道要抢你的生意，我每天都是在同一时间出门的，既然你不满意我在你前头，那么你只需要提早五分钟出门，就可以走到我前面了，可你为什么一直都没这么做呢？"

小甲抱怨小乙总是在他前头过桥，害得他没有生意做。但正如小乙所说，既然对此感到不满，为什么自己不早些出门，反而责怪别人比他快呢？小甲的行为让人哭笑不得，但在现实生活中，像小甲这样的人并不在少数。他们责怪别人比他们强，从而损害了他们的利益，但自己却不想做出任何改变，反而期望能将比他们强的人拉到和他们一样的水平线上。可问题是，别人凭什么要为了你而放慢前行的脚步？凭什么要为了你放弃自己的优秀呢？

生活如同一场比赛，在竞争的前提下，每个人都在拼搏，都在努力向前奔跑。你不能成功，不是因为别人抢了你的路，而是因为你来得太迟。不管是资源还是机会，都是有一定的数量的，你来得迟了，前方的路必然会被来得早的人抢占，而你自然也就只能眼睁睁看着好东西被别人抢走。你想要抱怨，可你除了抱怨自己来得太迟外，有什么资格抱怨其他呢？

很多时候，我们会发现，那些能够成功的人与我们之间的硬件差距似乎并没有很大，资质相差不多，年龄相差不大，社会关系也没有太大的区别，可为什么偏偏他们能够成功，而我们却总是面临失败呢？是运气使然吗？当然，不可否认的是，运气的确会影响到一些，但归根结底，真正拉开我们差距的，可能只是他们比我们早到而已。

所谓"早到"，并不仅仅是指他们比我们更早抓住机会，或者他们比我们更早发现商机等。关键在于无论什么事情，他们都比我们做得更多，哪怕只是一些看似微不足道的小事。但只要他们做得比我们更多，便在不知不觉中增加了手中的砝码，而胜利的天平哪怕只倾斜一个微乎其微的角度，也将让成功与失败拉开差距。

因此，当你总是与成功无缘，当你眼看就要到手的东西落入别人手中时，你该做的不是怨天尤人，更不是抱怨那些比你更强的人，而是应该好好地审视一下自己，看看自己究竟比别人少做了什么。成功就在前头，你迟到了，路自然就会被挡住。所以，你得来早一些，跑快一些，赶在别人的前头！

■ 很多潜能，你不逼自己根本就不会知道

　　小山真美子是日本札幌的一位年轻妈妈，天生就身材矮小。一天，她正在楼下晒衣服，突然看到她四岁的儿子从八层的家里掉下来，马上就要落到地上了。

　　见状，小山真美子飞快地奔过去，赶在孩子落地之前将他接在怀里，结果她和儿子只受了一点轻伤。

　　这则消息很快就被《读卖新闻》发表，日本盛田俱乐部的一位法籍田径教练布雷默对此非常感兴趣。他按照报纸上刊出的示意图，仔细计算了一下，从20米外的地方接住从25.6米的高处落下的物体，一个人必须跑出约每秒9.65米的速度才能到达，就是在短跑比赛中，这个速度也是没有人可以达到的！

　　后来，布雷默专门为这件事找到了小山真美子，问她那天是怎样跑得那么快的。小山真美子回答道："是对孩子的爱，因为我不能看着他受到伤害！"于是，布雷默得出了一个结论：实际上，人的潜力没有极限，只要你拥有一个足够强烈的动机，就能将潜能挖掘出来！

　　回到法国以后，布雷默专门成立了一家"小山田径俱乐部"，以此激励运动员努力地突破自我。最终，布雷默手下的一位名叫沃勒的运动员，在世界田径锦标赛上获得

了八百米比赛冠军。

当媒体记者争抢着问及如何在强手如林的比赛中夺冠的时候，沃勒轻松地回答道："小山真美子的故事一直激励着我，因为在比赛的时候，我就始终想着，我就是小山真美子，我飞奔着是要去救孩子！"

不得不说，小山真美子能创造短跑速度的奇迹，凭借的是她在瞬间爆发出来的潜力。而沃勒之所以能够夺冠，也是因为受到了小山真美子救子的激励，将自己体内的潜能挖掘了出来。如此看来，每个人都具有潜能，它就像一座"大金矿"，蕴藏着无穷的力量和动力。如果我们想要获得事业上的成功，肯用积极的心态将潜能发掘和利用起来，它一定会助我们一臂之力。

一般情况下，不少人认为，他人做不到的事情，自己一定也做不到，于是就会习惯性地安于现状，绝不会主动去改变现状。这样一来，潜能自然得不到开发，并且最可怕的是，它还会随着我们年龄的增长而慢慢消退。

曾有专业人士调查研究得出了这样的结论："凡是普通人，其实只开发了蕴藏在自己身上十分之一的潜能，可以说，每个人不过都处于半醒着的状态。"是啊，我们的身体如同一个宝藏，潜能就蕴藏其中，只是说我们都未接受过相关的潜能训练，所以潜能就不能很好地发挥出来。一旦我们将身上的潜能挖掘出来，就能够起到"点石成金"

的重要作用。

在现实生活中，只有那些勇于挑战、具有强烈进取心之人，才能将潜能挖掘出来，从而取得辉煌的成就。

大家一定熟知班·费德雯的故事。他在保险销售行业里，真可谓是一位杰出人物。

他连续数年达到了十万美元的销售业绩，并成为大家所追求的、卓越超群的百万圆桌协会会员。

他在约 50 年内，平均每年都能达到将近三百万美元的销售额。除此之外，他的单件保单销售曾做到两千五百万美元，甚至一个年度就超过了一亿美元的业绩。曾经有过数字统计，在他的一生中，他共销售出去数十亿美元的保单，高于整个美国 80% 保险公司的销售总额。

可以说，在销售保险的历史上，没有哪个业务员能够超越他。然而，他实现的这一切，却是在他家方圆 40 里内有 1.7 万人，一个叫作"东利物浦"的小镇上创造出来的。

在谈到自己的成功时，费德雯不无感慨地说："我之所以能够获得成功，是因为我有一颗强烈的进取心。而那些对自己的生活方式与工作方式完全满意的人，他们却陷入了一种常规。如果这些人既无任何鞭策力，也没有进取心，那么他们只能在原地徘徊。"

潜能成功大师安东尼·罗宾曾经这样说过："并非大多数人命里注定不能成为爱因斯坦式的人物，任何一个平凡的人，只要发挥出足够的潜能，都可以成就一番惊天动地的伟业。"可以说，发挥潜能的程度由自己的勤奋度决定。凡是积极进取的人，就能深度挖掘自己的潜能；凡是消极懈怠的人，对任何事情都会抱以"得过且过"的态度，潜能自然就得不到开发和利用。

20世纪的科学巨匠爱因斯坦，在他逝世以后，科学家们开始研究他的大脑，最终得出这样的结论：无论从哪个方面衡量，爱因斯坦的大脑都和常人的一样，并没有什么特殊性。其实，这就说明了一个问题：爱因斯坦之所以能够取得常人不能取得的成功，关键就在于他超乎常人的那份勤奋和努力。

所以，不管我们处于人生的哪个高峰和哪个低谷，都不要陷入满是怀疑、否定的沼泽地里，而是要以积极的心态将潜能挖掘出来，因为无穷的潜能是帮助我们创造人生奇迹的有力基石。

■ 运气，不过是努力过后的残余物质

传奇商人王永庆曾经说过："先天环境的好坏，并不足为奇，成功的关键在于一己之努力。"俗语也说：靠山山会

倒，靠人人会跑，只有自己最可靠。最好的人生，就在你自己的掌握中。人活着，最重要的是寻找一片属于自己的世界。这个世界是别人给不了你的，唯有自己争取。

别人给不了我们光辉的人生，命运同样也给不了，它只能给你一个好的出身，或者是一个成功的机会，但最终结果还是要靠自己来拼搏。

我们的一生总会面临很多选择，这让我们迷失了双眼。你希望得到的东西，似乎总是遥不可及。而你想要逃避的，却总是如影随形地跟在你的身边。当你面对诸如此类的种种不如意时，会希望命运或是别人能来救你，但现实不是小说，更不是电影，没有那么多的救世主，如果真要找，只有一个，那就是你自己。

一个墨西哥女人和丈夫、孩子一起到了美国。当一家人来到得州边界艾尔巴索城的时候，这个女人的丈夫离开了她们，不知所踪。一直依附在丈夫这棵大树下的女人，变得束手无策，而两个嗷嗷待哺的孩子又使她不得不重新面对生活。

在经过最初的茫然之后，女人依靠自己打拼出一番事业。虽然当时她只有几块钱，但是毅然决然买了一张前往加州的火车票。在加州，她找到了一份在餐馆当服务员的工作，每天从半夜工作到早上6点钟，却只能赚到可怜的几块钱。虽然钱很少，但是女人省吃俭用，努力积攒着财富。

几年之后，这个女人想用辛辛苦苦积攒的钱开一家墨西哥小吃店，专卖墨西哥肉饼。但是当时她的积蓄非常有限，不能靠自己的力量满足愿望。因此，她拿着自己仅有的一笔钱，来到银行向经理申请贷款。她对银行的经理说："我想买下一间小房子，经营墨西哥小吃，如果你肯贷款给我，那么我的愿望就能够实现。"一个看起来普普通通的外地女人，没有财产抵押，没有担保人，就连她自己也不知道会不会成功。可是，当时那位银行家却被她的勇气所折服，决定冒险资助。

25岁这一年，女人终于经营起了属于自己的墨西哥肉饼店。15年之后，这间小吃店变成全美最大的墨西哥食品批发店。

这个女人就是大名鼎鼎的拉梦娜·巴努宜洛斯。

梦娜·巴努宜洛斯作为一个弱女子，面对着无依无靠的悲惨境地，依然能够通过自身的努力赢得成功，值得所有人钦佩。其实，对于任何人来讲都是如此，你如果想要让自己赢得成功和尊重的话，就必须依靠自己的力量去奋斗。

命运给你的一切，昨日都是不可扭转的，你能改变的只有自己的未来。与其咒骂命运，乞求上天，不如相信自己，用豁出一切的勇气走出一条不平凡的人生路。

我们知道，太阳花具有超强的生命力，即使把它掐断再种到另一个地方，它也能活下去，而且温度越高，生长得越快。然而，菟丝花虽然妖娆多姿，但总是需要缠绕到别的植物上面，一旦离开了依附的树枝，它便失去了生存的空间。

我们不妨将这两种花比作人生中的强者和弱者。不难理解，那些不管是事业还是家庭能够赢得成功的人之所以成功，是因为他们从来不依附于他人，在别人说他不具备条件时，也绝不放弃努力，相信只有行动才能把人生引向成功，即使有点灰心，也绝不后退。相较之下，那些被划为弱者族群的人，往往缺乏独立意识，他们不想凭借自己的力量获得人生的发展，因此也就注定了只能成为自然界中的菟丝花，当依附不在，自己也就颓然倒地了。

命运不会给你安排那么多的依靠，唯一靠得住的只有自己。自己的命运应该由自己掌握，再糟糕的结果也不过是人生低谷。要记住，人生只有一个最低点，只要度过了，之后的每一天都是上升期！

第五章 ○

长大不成人，是对生命的亵渎 ●

　　人，谁都想依赖强者，但冷酷的现实会告诉你，真正能够依赖的只有自己。倘若不能独立成长，将是生命最大的无能。现在，没有什么比你找到自己的解决之道更重要的，此刻你所需要的是——独自地站到人生转折的起点上去。

■ 很现实，没有人是你永久的靠山

　　现实生活中，很多人习惯于依靠别人，而且依靠得心安理得。他们总是将"互相帮助"挂在嘴边，把"交情"变成筹码，却从来没有想过：所谓"互相帮助"，其前提是要做到"互相";所谓"交情",在日益消耗中也会有荡然无存的一天。等到那个时候,已经习惯了事事依赖别人的你,该何去何从呢?

金钱总有挥霍完的一天,爱情保质期总是难以预期,友情可能暗藏背叛,甚至连亲情都存在反目成仇的可能。这个世界是很现实的,不要总把期望放在别人身上,没有人会是你永久的靠山,唯一能让我们依靠一生、遮风挡雨的,只有我们自己。

琼斯,原本是一个小农场主。他虽出身贫寒,但凭借着强壮的身体和不怕苦、不怕累的工作劲头,日子过得还算美满。可是,一场车祸彻底改变了他的命运。在那场灾祸之后,琼斯虽然捡回了一条命,但却从此瘫痪了,躺在床上一动不动。

亲朋好友纷纷来探望琼斯,大家都认定他这一辈子算是完了,于是纷纷表示会竭尽所能地去帮助他。琼斯陷入了绝望的阴影无法自拔,每天都在抱怨命运的残酷与不公,靠着朋友们的同情和施舍熬日子。

一天,琼斯的母亲实在看不下去了,她对琼斯说:"琼斯,我不愿意听你说生活的糟糕是上天的意愿。虽然你残疾了,但也要把命运掌握在自己手中,不要埋怨上天,更不要等着别人的同情和帮助。一旦别人的同情和帮助都施舍完了,你将会怎样?"

母亲的话让琼斯悚然一惊，他心想："是啊！我为什么只是埋怨上天而没想到要靠自己改变命运呢？我的双手虽然不能工作了，但大脑没有坏，没有资格得到别人的同情和施舍。"

从此，琼斯就像换了一个人一样，他变得信心十足，充满希望。他不断地告诉自己，自己能养活自己，也能养活妻子和孩子。他开始学着每天把对自己有价值的信息和快乐、积极的想法放在心中，把消极的东西抛到九霄云外。

经过一段时间的思考后，有一天，琼斯把一个绝妙的构想告诉了家人："我想咱们的农场需要改良，把土地全都种上玉米，然后用收获的玉米来养猪，趁着乳猪肉质鲜嫩时灌成香肠出售，生产一条龙，这种香肠一定会很畅销！"

事情就这样如火如荼地展开了。果然不出琼斯所料，"琼斯乳猪香肠"一炮走红，成为家喻户晓、大受欢迎的美食。从此，琼斯改变了命运，过上了富足的生活。

如果琼斯没有发愤图强，而是一直沉浸在痛苦与抱怨中不可自拔，那会发生什么呢？结果其实不难预见，鲁迅先生笔下的"祥林嫂"不就是一个血淋淋的例子吗？

人的怜悯与同情都是有限的，总是依靠着别人接济而生存的人，就如同依靠着输血而存活的人一样，是不可能长久的。身体要健康、鲜活，就得学会自己造血。

依赖别人的人，永远只能做生活的"残废"，只有懂得独立行走的人，才能真正掌控与命运博弈的力量。

■ 自律，你成功的法宝

谁也不能随随便便成功，成功来自彻底的自我管理，即自律。这一点不难理解，因为作为一个个体，作为自我的主体，除了你自己，谁也约束不了你。如果你总是随心所欲地做事，不受任何的限制，自身能做的事不做或做不好，极有可能会因小失大，甚至铸成大错，后悔莫及。

古今中外，有才智但缺乏自律最终自取灭亡的例子不胜枚举，NBA 火箭队前锋埃迪·格里芬就是其中之一。

在很多人看来，格里芬是一个具有超人天赋的优秀运动员，他未来的发展不可限量。但格里芬性格孤僻，放荡不羁，在自律方面很是差劲。他曾在更衣室里暴打队友，违反球队纪律不参加训练，更是家常便饭，并因酗酒曾接受过专门的酒精治疗，因多次吸毒被警察抓到……有哪个球队愿意收留这样的球员呢？火箭队只好忍痛把格里芬给开除了。

离开火箭队之后，网队收留了格里芬，并送他去戒酒中心治疗。但他还是不能自律，经常缺席训练，还上了法庭，2 个月后就被网队解雇了。之后，明尼苏达森林狼队将格里芬招至帐下，开始的第一个赛季里，格里芬还能好好打比赛，然而收敛了没多久，他又开始惹是生非，结果又被扫地出门。没过多久，格里芬因醉驾无视铁路警告，强行穿越铁路，结果撞上了一辆疾驶的货运列车，死时年仅25岁！

作为一个天才球员，却因不自律而英年早逝，格里芬的经历让人唏嘘不已。

这里有一个形象的比喻，自律对于一个人来说就好像是一辆汽车的制动系统。如果一辆汽车仅有发动机，而没有方向盘和刹车的调节，汽车就会失去控制，不能避开路上的各种障碍，就有撞车或翻车的危险。一个缺乏自律能力的人，就等同失去方向盘和刹车的汽车，想想这是多么可怕啊。

扪心自问，你是一个自律的人吗？反省你日常的表现，如果你喜欢打游戏，并因此耽误了工作，你是放弃玩，还是继续玩？如果你今天计划做某件事，但早上睡意正浓，你是否会义无反顾地披衣下床？你是否总能按时做好计划内的事情？你有多少时间是花在规律性的活动上的？……

如果你的答案是不肯定或不确定，你就须在自律上下一些功夫了。自律使人自知，时刻想严格要求自己，养成良好的行为习惯……这样一来，你的各方面素质将得到提高，自然会更快、更早地获得成功。这也印证了哈佛大学心理学教授保罗·哈莫尼斯所说的："权力最终属于有自控力的人。"

你爱自己吗？你渴望主宰自己的命运吗？那就先培养自律的心智吧！这不需要你有多么大的作为，只需你从日常小事中做起，如严格要求自己，不放松，不懈怠，控制自己的惰性；克制私欲和贪念，约束自己的行为，勿以善小而不为，勿以恶小而为之，稳住心，沉住气……

接下来，你会发现，无论做什么事，你都有条理可循，稳重且不留后患，夺回生活的主动权！这可能会为你带来许多意想不到的成功机会。

■ 演好自己，你就是主角

什么是最成功的人生呢？这个概念实在过于抽象。但唯有一点是必须坚信不疑的，那就是，成功的人生并不在于你获得了多少东西，也不在于你一定要做得比谁更好，而在于你必须要做好自己，体现出自己的人生价值。

下面这则寓言也许能说明问题。

一只大猫看到一只小猫在追逐它自己的尾巴，于是问："你为什么要追逐自己的尾巴呢？"小猫回答说："我了解到，对一只猫来说，最好的东西便是幸福，而幸福就是我的尾巴。因此，我要追逐我的尾巴，一旦我追逐到了它，我就会拥有幸福。"

"傻孩子，"大猫说："在年轻的时候，我也曾经认为幸福就在尾巴上。但后来我发现，无论我什么时候去追逐，它总是逃离我，于是我放弃了。结果呢？当我着手做自己事情的时候，才发觉无论我去哪里，它都会跟在我后面。"

看到了吧，获得幸福的最有效的方式就是避免去追逐它，不向别人要求它。或许，你现在做得不够好，觉得自己与成功还有千里之遥；或许，你现在做得很好，觉得自己还想再做得更好。但是，不如自己也好，超越自己也好，成功的标准不高也不低，它只需要你做好自己就行。

的确，戏剧小人生，人生大舞台。每个人，都是人生舞台上的演员。每个人，都是在人生舞台上扮演自己的演员。无论你是光彩照人的大人物，还是默默无闻的小人物，这些都不是重要的，重要的是你要演好自己。只要你发挥了自己最大的优势，就能让自己活得精彩，给人留有印象。

莉莎今年只有 8 岁，非常热爱表演。有一天，学校要排演一个大型的话剧"圣诞前夜"。莉莎感觉到自己的机会就要来了。在爸爸妈妈的鼓励下，莉莎走进了面试的地点。她原本以为，自己会成为主角，然而令她没想到的是，自己却只是扮演一只小狗。回到家，莉莎无比失望，连晚饭也不想吃。

妈妈看到莉莎的这个样子，心里也很难受，便和她聊天："莉莎，你得到了一个角色，不是吗？"莉莎红着眼，："妈妈，你别安慰我了，我只能演条狗，只好汪汪叫！"妈妈看着她，严肃地说："你为什么会有这种想法？其实，你不要看不起这个角色，你完全可以用主演的心态去演戏。你只有投入进去，才能够演好，即使角色只是一只狗，你也可以成为主演。只要拥有主演的心态，你就是主演。"莉莎听了妈妈的话，一个人对着镜子喃喃自语："对啊，其实我需要的是一个上台的机会，而不是一定要当主角！莉莎，哦不，那只小狗狗，我不该看不起你的，毕竟你就是我。"

从这以后，莉莎再没抱怨过什么，全身心地投入排练之中。很快圣诞节到来了，尽管莉莎不是主角，可是她用心的表演，赢得了所有人的掌声。甚至，她的精彩已经盖过了主角，所有人都被她那精彩的演技折服了。那个夜晚，几乎所有的人都记住了那只汪汪叫的"小狗"，莉莎激动得热泪盈眶。

虽然扮演的只是一只汪汪叫的小狗，但是莉莎用心的表演，赢得了所有人的掌声。生活中，如果我们像莉莎那样努力，带着主演的心情去生活，把自己当成是主演，那么我们就会发现——其实自己正是那个羡慕已久的主演。

有的人一生也没有挣到房屋数栋，一辈子也没有拥有过香车美女。但是，他们一直安安心心地做自己，体现出了自己的人生价值，在回忆此生之时觉得不怨不悔，自己的口碑在人圈中极好。这不也算是一种成功吗？他们没有在金钱、权力上有所收获，但他们收获的是整个人生。

有这样一对夫妻，他们辛辛苦苦打拼，然后买了个别墅，还房贷每天压力巨大，早出晚归。然后他们家的保姆呢？等主人上班，没有事情可做时，她每天做得最多的事情就是带着家里的狗在公园里遛弯，唱山歌。

渐渐地，附近的人们都开始谈论这位保姆："那个保姆啊，可了不起了，歌唱得那么好，什么时候和她好好谈谈，把她招到我公司去，好好培养培养。"另一位接口道："可不是，有那么好的嗓子，做保姆可惜了，赶明找人培养培养她，进歌剧团肯定没有什么问题。"

能获得人们如此由衷的赞叹，你能不说这位保姆是个非常成功的人吗？尽管她没有钱，没有别墅，也没有一份所谓的"好工作"，但她不计较，努力做自己，最后赢得了这么多"成功人士"背地里的赞叹，这实在不能不让人羡慕。

卡耐基曾经说过一段耐人寻味的话："发现你自己，你就是你。记住，地球上没有和你一样的人……在这个世界上，你是一种独特的存在。你只能以自己的方式歌唱，只能以自己的方式绘画。不论好坏，你只能耕耘你的小园地；不论好坏，你只能在生命的乐章中奏出自己的发音符。"

人每天奔波在繁华都市中，所追求的应当是自我价值的实现以及自我珍惜。所以，我们不该为自己是他人眼中的主角就扬扬得意，也不要为别人的轰轰烈烈而无地自容，更不要为自己的平平常常而妄自菲薄。你就是自己人生的主角，只要能够尽心演好自己的角色，就是一种快乐，就是一种成功！

农民是幸福的，因为沉甸甸的稻穗；

工人是幸福的，因为飞溅的钢花；

园丁是幸福的，因为绽放的花朵；

演好自己的角色，生命就不会白费。

■ 自己推动自己，才能收获最大的成就感

我们常常会说到一个词——超越。一提到它，人们往往想到的是超越某个人，超越某个速度等，但是实际上，人生在世，我们真正需要超越的不是别的东西，也不是别人，而是我们自己。无论何时，只要能比过去的自己站得更高，那就是一种超越，一种自我提升。

成功的人生就是不断地实现自我超越。今天的我们要想比昨天站得更高，必须让自己拥有更加坚实的地基垫脚，基础越扎实，积累越多，脚下的资本自然就多，所站立的地方自然就越高，目光也将更为长远。而要完成脚下资本的积累，关键就在于：将事情做到最好，将目光放到最远。

相信每个人都听过达·芬奇画鸡蛋的故事。

达·芬奇小时候跟一位著名的画家学画画。这位画家让他练习画鸡蛋，日复一日，年幼的达·芬奇不知画了多少个鸡蛋。有一天，他问这位画家："老师，我画了这么久的鸡蛋，可以开始画别的东西吗？"

"不行，你的基本功还不过关，要继续画鸡蛋。"这位画家说。

"可是画鸡蛋有什么用呢？难道我要当一个只会画鸡蛋的画家吗？"

"不对，每个鸡蛋都不同，你要观察它们最细微的差别，把每个鸡蛋画到完美，你就能练就最好的眼力，拥有最坚实的底子。到时候，你想画什么都可以，所以今天你的任务仍然是画鸡蛋！"

达·芬奇听从这位画家的吩咐，每天刻苦地画鸡蛋，三年后，他的画技果然突飞猛进。

可见，无论做什么事情，要想做到最好，最好的方法就是不断坚持，反复琢磨、刻画，直至将每件小事做到极致。这就如每一个著名的画家都曾有过刻苦而枯燥的基本功训练时期，而达·芬奇画鸡蛋正是他们的缩影，在日复一日的训练中，僵硬的线条渐渐柔和，形成自己的特点。人们经常惊讶地发现，同样的线条，为什么有的画家画得特别有生命力，其答案就在于他们小时候的刻苦练习。画中的每一笔包含他们几年、十几年的大量练习，凝聚着他们追求完美的心血。

不论做什么事情，细节往往是拉开成功与失败的关键。基本功不是一件小事，它包含着未来成功的全部可能。有时候做事就像种田，有人告诉你地里有颗金种子，但你不知道是哪一颗，只能对每一棵禾苗都细心栽种。只要你付出足够的耐心，总能收获到金子及更多的粮食。相反，如果你一心只想找金种子，不但可能错过它，还可能会让禾苗长势不佳，最后粮食收成不好，金子也没有找到。

所以，在通往成功的路上，最好的方法就是做好每一件事，因为你永远不知道眼前看似毫不重要的事是否就是你的金禾苗，会给你带来巨大的成功。

■ 唯有忍下超常之痛，才会得到超常收获

人生在世，时常会遇到不顺遂的事情，有些会影响我们的心情，有些却会波及我们的生活，甚至我们的未来。当遇到这种情况的时候，恐怕很多人难以保持淡定。确实，心情可以调节，但是当我们的心受到震动，怎样才能控制它的震动，控制蔓延的消极情绪呢？

这时，坚持就会发挥作用。困境当前，我们内心柔软的部分可能难以发挥作用，但这时若是我们内心有一份坚忍，那么就可以让我们强大起来，渡过眼前的困难。

实际上，人生处处充满困难，尤其是在我们的工作中。对于一般人而言，成功必然和自己的事业紧密相连，但在实现的过程中总会有各种事情阻挠我们。而且，这些困难似乎如影随形，不会轻易过去。在这个时候，心态就变得很重要。你若是能忍过这段时间，就能得到意想不到的提升；若是没有忍过去，之前的一切努力都不会转化为成绩。

在很久以前，神也在地球上生活。一天，一个农夫找到神，对他说："尊敬的神啊，你创造了整个世界，无所不能，但我觉得还有些事情你并不知道，而我可以教给你。"

神的嘴角在胡子下微微翘起，问农夫说："你要告诉我些什么事呢？"

"不如用结果来证明好了。请给我一年的时间，在这一年里，我说什么你都要去做。一年过去后，我会让你看到结果，用结果来证明贫穷和饥饿是可以彻底消除的。"农夫认真地说。

神想了想，点头答应了。在接下来的日子里，神履行诺言，按照农夫的吩咐做着事情。他取消了所有的狂风暴雨、电闪雷鸣，取缔了所有的自然灾害——这都是应了农夫的要求。不仅如此，就连什么时候下雨，什么时候出太阳，神都应农夫的要求安排。果然，就像农夫说的那样，因为风调雨顺，一点灾害都没有，小麦长得特别好。

站在金色的麦田里，农夫自豪地说："怎么样，我说的没错吧？没有灾害，今年一定有个好收成。这样再过个十几年，粮食就能养活所有的人，人们就算不工作也不会挨饿了。"神听后笑笑，什么也没有说。

到了收获的时候，意想不到的事情发生了。麦穗虽然长相喜人，但里面却空空如也，一个麦粒也没有！这让农夫感到不可思议，明明没有任何自然灾害，为什么麦子竟然长成这样呢？

在农夫疑惑的眼光中，神开口了："看似灾难的风雨是小麦成长必不可少的。因为它们要成长，要和灾难斗争，为了不被连根拔起，总要长出沉甸甸的果实来。可现在什么灾难都没有了，它们过得太舒服，谁还愿意将营养分给果实呢？灾难或许可怕，但正是因为它们的存在，小麦才得到了锻炼！"

事实上，我们就像是麦田里的小麦，所遭受的挫折和苦难无疑就是自然中的风霜雨雪、自然灾害。我们畏惧这些，期望这些全部消失，但也正是这些磨难历练了我们，让我们变得更加坚忍，更能承受压力，从而担当更重要的职位，做出更大的事业。

虽说挫折是一样的，但并不是所有人都能够客观地看待这些苦难。有的人认为，这是上天在故意为难我们，但也有人相信，这是上天给我们的机遇和考验，忍过去，熬过去，就能登上人生的巅峰。事实上，后者往往有颗强大的内心，能熬过一般人无法接受的苦难，最终获得众人难以企及的成功。

儒勒是 19 世纪法国著名的科幻小说家，凭借一部《气球上的五星期》一跃成名。看似很幸运的他，实际上是遭受了很多挫折才获得成功的。这部畅销小说在投稿开始连续遭遇 15 家出版社的拒绝，但是儒勒相信自己的能力，坚持不懈，于是等来了第 16 次的机会，一举成名。

　　无独有偶，美国畅销小说《北方故事》的作者杰克也是如此。在他最开始投稿的时候，没有一家出版社看好他，愿意为他投资。没有办法，为了谋生，他只能去干苦力，但一次也不曾想过放弃，最终一举成名。

　　其实，很多作家有这样相同的经历，安徒生也是如此。刚开始写作时，他时常受到别人的嘲讽和攻击，但是都忍了下来。他相信，这些是自己成功的垫脚石，只要克服了困难，就能够获得成功。事实确实如此，他成了全球知名的童话作家。

　　生活就是如此，没有人能够轻轻松松获得成功。若是不能换一个角度去看待挫折，那么你只能站在悲观的角度看待这些苦难，将它们无限放大，以至于没有跨越的勇气。其实，每个人的潜力都是无限大的，你若是能够用坚强熬过这些苦难，便能迎来成功。

　　没有成功是顺理成章的，很多伟人能够成就一番大事业也付出了常人难以想象的努力。当然，他们所面临的困境可能是我们想象不到的。但只要认准一个方向，这些就会朝向那个方向前进。不管有多辛苦，有多困难，他们都会忍过去，都会将这些当作成功路上必须承受的。

　　著名数学家华罗庚曾经说过："在科学的道路上没有平坦的大道可走，只有一条条弯曲的小径。只有不畏攀登的人，才有可能登上科学的顶峰。"事实确实如此，若想到达一个高度，你就要忍受路途中的艰难险阻，正视它们，以一颗强大的内心支撑自己走向成功。

我国有一位名叫高士其的科普作家，他曾经留学海外，在一次实验中，因为装有培养脑炎过滤性病毒的玻璃瓶子意外破裂，致使病毒侵入了他的小脑。因为这次意外，高士其终身残疾。可是，这并没有打消他对科学的热情。即便病毒无时无刻不在折磨他，他仍旧坚持完成了芝加哥大学细菌学专业的全部博士课程。

归国之后，虽然身体残疾，但他仍旧坚持工作。后来病情恶化，他连睁眼、闭眼都难以自己完成，可仍旧没有放弃工作，坚持写作，以惊人的意志力完成了上百万字的作品。

其实，斗争是其乐无穷的，人生就是在不断的斗争过程中前进的。若是你觉得困境就是困境，那么你就永远活在痛苦中；若是你认为它是成功的契机，那么你就有勇气熬过这一段，看到胜利的曙光。

在困难面前，我们可以允许自己"动心"，但不要忘了"忍性"，只有后者才能让我们看到人生最美的风景！

■ 人生的每一次自我克制，都意味着比以前更强大

不能制约自己的人，就不能称为自由人；不能主宰自

己的人，永远是一个奴隶。

制约自己，就是在诱惑面前，用你的理智决定你的行为而非你的感情。它常常意味着牺牲一时的乐趣，克服一时的冲动。如果我们不能调整到这一状态，我们对外界形势的判断就会受主观心态的影响，就不能做到客观判断，结果会给自己增添许多麻烦。

一天，一个住在海边的朋友突然冒出一个想法，他想横渡大海，到海的那一边去看看。

这位朋友其实不是一个十分毛躁的人。在有了这个想法后，他冷静地归纳了这次航海可能遇到的问题，结果发现，支持他不应当去的理由比应当去的要多：他的船很小，一个小风暴就可能要了他的命；他可能会晕船；这条航线上据说有海盗出没……

种种迹象表明，他不应该进行这次航行，可是这位朋友还是冲动地去了。因为他的想法已经成了心中的魔音，不断地攻击他的理智，一遍又一遍地对他说："朋友，这件事虽然想象起来有些可怕，但情况也许并不像想象的那么坏，你不是一直都是个幸运儿吗？"终于，心中的魔音控制了他，让他自己觉得不进行这次航行，定会抱憾终生。

于是，这位朋友扬帆起航，结果正像他所推断的那样，他成了海盗的俘虏。

每个人都需要勇气和信心，它有助于我们应对困境和挑战，调动起我们的一切能力。然而，当我们必须要对某件事做出决定时，内心一定要保持平和，克制自己，不要立刻做出任何决定。愤怒时，不能制怒，会使周围的合作者望而却步；脑热时，不能制冷，将导致盲目冲动踏上错路；消沉时，不能自励，自甘堕落放纵萎靡……

其实，对人生前景来说，它最大的敌人不是缺少机会，或是资历浅薄，而是缺乏对自己的制约。如果我们能在感性时多带点理性看世界，就能比别人看到更多、更精彩的事物，收获更多的美丽。

在美国，曾有一位很有才华、做过大学校长的人，他参选了美国中西部某州的议会议员。这个人资历很高，博学多才，精明能干，看上去很有希望获胜。但是在选举中期，出现了一个小问题：一个很小的谣言散布开来，说他在四年前的一次州教育大会上，与一位年轻貌美的女教师"有那么一点暧昧行为"。

其实，这仅仅是竞争对手故意散布的一个谎言而已，可他却怒不可遏，极力为自己辩解，以至于在以后的每一次集会上，他都会站起来澄清一番。事实上，大部分选民之前根本没听到这个事件，但是却越来越相信曾有过这么一回事。他状若癫狂的辩解让人们疑惑顿生，公众们振振有词地反问："如果他真的是无辜的，为什么要为自己百般争辩呢？恐怕是做贼心虚吧！"

这样一来，他更加着急了，气急败坏地在各种场合为自己洗刷冤屈，结果却使事情变得越来越糟糕。最为悲哀的是，后来连他的太太都开始相信那个谣言绝非空穴来风，因为他的反应实在是太强烈、太出乎意料了。当然，他的选举最后以失败而告终。

不论做任何事情，自我制约都至关重要。站在人生的风口上，如果风向不利于我们，我们就要想办法调整风帆；如果不能改变事情的结果，我们就要改变自己的心态。积极面对人生，即使在黑暗中也能看到希望的曙光。

同样是选举，里根在一次关键的电视辩论中，面对竞争对手卡特对他当演员时生活作风问题的蓄意攻击，只是微微一笑，诙谐地调侃："伙计，你又来这一套了。"引得听众捧腹大笑，反而把卡特引向被动境地，并为自己赢得了更多选民的支持和信赖，最终在总统大选中脱颖而出。

当你能够控制自己的情绪时，你是优雅的；当你能够控制自己的内心时，你是成功的。人生中的每一次自我克制，都意味着比以前更加强大。

■ 强者解决问题，弱者抱怨不休

走在人生路上，任何人都会遇到苦难。有些人遇到的困难非常相似，但是他们在困难面前却有着不同的态度，这决定了谁是强者，谁是弱者。

一天，枭碰见鸠。

鸠说："你将去哪里啊？"

枭说："我将往东迁移。"

鸠问："为什么？"

枭答："这里的人都讨厌我的叫声，所以我才往东走。"

鸠说："你能改变你的叫声吗？可以。而你不愿意改变，你就东迁，你就肯定东边的人不会厌恶你的声音吗？"

枭在面临人们都讨厌它的叫声的困境时，选择了向东迁移，其实就等于懦弱地选择了逃避。最终无论枭迁徙到哪里，也不会摆脱人们讨厌它的叫声的窘局，因为它在为自己找借口，推脱责任。

当人们陷于某种困境时，周围的一切似乎都与自己为敌，这时若是像枭一样躲避，解决不了任何问题，反正也没有什么可以失去的，还不如努力想想怎样扭转现状实在。强者和弱者的分别即在于此。一个有勇气直面困难的人才算是勇者，才会成为强者；一个只会躲避的人永远都无法超越自己，更得不到理想中的成功。

哈佛大学的学生都听说过这样一个定律——"跨栏定理"。这个定理由一位著名的外科医生提出来，说的是横在你面前的栏越高，你跳得也就越高。这是说一个人的成就往往取决于它所遇到的困难的程度。这位名叫阿费列德的外科医生在解剖尸体时发现一个奇怪的现象：那些患病器官并不如人们想象的那样糟；相反，在与疾病的抗争中，为了抵御病变，它们往往要代偿性地比正常的器官机能强。

真正的勇士，敢于直面淋漓的鲜血和惨淡的人生。著名数学家华罗庚曾说过："只有在逆境中挣扎过、奋争过的人，才可以说无愧于人生。"如果遇见困境就退缩，找借口推脱责任，那么何时才能脱离困境呢？

敢于直面困境的勇者，靠的不仅仅是一身蛮气，更多的是一种在实践中积累出的大智慧。具体问题具体分析，不要把责任推到别人身上，自己拯救自己。我们不仅要有直面困难的胆魄，还必须从困难中汲取经验和教训，踩着失败者的肩膀，在困难中前进。

每个不平凡的人都有着常人难以达到的坚强和勇敢，不管面对怎样的困难，你都应该知道，拼搏总不会比现在的境遇更差。雅典奥运会上的女排决赛，给全世界的人们留下了极为深刻的印象。中国女排在连输两局的不利条件下，并没有被困难和失败吓倒，也没有把责任推卸给别人，而是在教练组的带领下，重新调整部署，迅速进入状态，研究出了破敌的对策。

每个人的成功道路上要面临很多复杂的问题，无论是在困境中还是在逆境中，学会找到解决问题的方法，才是最重要的。最差的结果不过是输，不努力"输"的这个结果是注定的，反抗的话说不定还有扭转乾坤的可能。若是每个人都抱着这样的想法，那么我们都可能成为披荆斩棘的勇者！

第六章 ○

平凡如你我，不妨心怀风骨的传奇 ●

　　苏格拉底说："每个人身上都有太阳，只是要让它
发出光来。"不可否认，条件性的限制给了我们一定的制
约，甚至让我们一时无法挣脱。但平凡并不注定平庸，
不平凡的人都是在平凡的时候，做着不平凡的努力。

■ 成功的人生，是做了最好的自己

　　很多人逗过小朋友，拿两只棒棒糖，问小朋友要哪一
只。大部分小朋友做这个决定时比较困难，他们往往选择
其中一只之后，拿到手里，好像又觉得另一只更好，于是
不断徘徊、犹豫，始终下不了决心。人其实就是这样一种

奇怪的动物，很多东西明明差不多，但不知道为什么，总是觉得得不到的那个仿佛才是更好的。这种心态，恰恰是人产生痛苦的根源。

这个世界上，很多人一辈子活在追逐中，追逐别人所拥有的物质，追逐别人所拥有的容貌，追逐别人所拥有的权势、地位……他们的眼睛总盯着别人，直至最终连自己究竟是个什么样子，大概已经记不清了。

许多人在对自己挑三拣四：自己的面庞不如明星漂亮，自己的钱包不如朋友的奢侈，自己的人生不如别人的丰富……在他们眼里，自己仿佛没有什么值得炫耀的地方，这正是自己痛苦的源泉。可是亲爱的，如果你永远只看着别人，却不懂得给自己掌声，怎么可能感到满足和幸福呢？即便让你得到更多，你心中的无底黑洞也是永远填补不了的。

事实上，扪心自问，我们真的那么不堪吗？我们真的那么悲惨吗？别人是不是真的如我们所看到的那样完美呢？

黄伟的班上来了一个非常特别的女学生。这个女学生身体有残疾，不会说话，哪怕丢到一群普通人中间，也依旧是名副其实的丑小鸭。毫不意外地，在加入班级之后，这个女学生总是受到同学们的嘲笑，还有不少同学甚至给她起了个极不友善的绰号：拐腿鸭大姐。

这个女学生，名叫黄美廉。

有一天，在上形体课的时候，轮到黄美廉上台示范了。她从容不迫地走到舞台，不时偶尔地挥舞着她的双手；仰着头，脖子伸得好长，与她尖尖的下巴扯成一条直线；她的嘴张着，眼睛眯成一条线，诡谲地看着台下的学生；口中偶然也会支支吾吾的，不知在说些什么。看着她滑稽又诡异的样子，全班同学大声哄笑起来。

在黄美廉的表演结束之后，一个素来以尖酸刻薄闻名的同学站了起来，大声说道："黄美廉，我们都知道你患有小儿麻痹，从小就长成这个样子，那请问你是怎么看待自己的呢？"然后，他还小声嘟囔了一句"拐腿鸭"，引得周围同学又大笑起来。

学生的刻薄让教师黄伟感到十分愤怒，但同时又为可怜的黄美廉感到难过。正当他打算上前说点什么制止这一切的时候，却看到黄美廉微微笑了一下，拿起一支粉笔在黑板上龙飞凤舞地写了起来：

一、我很可爱！

二、我的腿很长、很美！

三、爸爸妈妈这么爱我！

四、我会画画！

五、我会写稿！

六、我有只可爱的猫！

……

看着黄美廉一条条写下的内容，班里变得鸦雀无声。

黄美廉笑了笑，接着又写了一句："我只看我所有的，不看我所没有的。"

顿时间，班里响起热烈的掌声。看着那句话，黄伟也被感动得热泪盈眶。

幸福的人知道自己拥有什么，不幸的人只知道自己没有什么。

在这个世界上，任何一个人都有优秀的部分。别人发现不了你，你自己可以发现；别人不欣赏你，你完全可以自己欣赏自己。你可能没有钱，但你或许拥有健康；你可能没有健康，但你或许拥有亲人、朋友；你可能没有亲人、朋友，但你拥有每一天的朝阳，每一次面对世界的独特体验……

只要人活着，就总能拥有一些东西，这些东西可能很多，也可能很少。而你是否幸福与满足，不在于这些东西本身的多少，而是在于你的眼中到底能看到多少。只有当你认可自己、肯定自己的拥有时，你才可能真正从心底获得满足，实现人生的完满。

生命没有什么定式，所谓成功与否，关键不在于你拥有多少财富或美貌，而是在于你是否能真正认可自己的人生。别人说什么、做什么并不重要，你的人生由你说了算，由你来下判断。

追求更好的生活，这是人之常情；可是，我们不能单纯为了追求，就忘了自己的优秀。正如古希腊哲学家亚里士多德所说:"聪明人并不一味追求快乐,而是竭力避免不愉快。"

拥有成功的人生,并不表示你一定要做得比谁更好,一定要获得比谁更多的财富、更高的地位;有的人拥有财富亿万,却因此失去了亲情和友情;有的人位高权重,却整日战战兢兢;有的人虽获得了所谓的"成功人生",却在数十年后无从回忆一生中那些尔虞我诈的岁月,那些充满怀疑和背叛的岁月。他们真的获得了成功吗?

人生天地间,忽如远行客,最成功的人生不是富可敌国,亦不是权倾一世,而是做了最好的自己。

别总是看着别人,看着我们不曾拥有的东西,那些东西看起来或许闪耀,但对于我们来说,未必真的拥有实际价值。把掌声留给自己,当你能够真心地为自己鼓掌时,无论何时何地,幸福与满足都会常伴你左右。

■ 活着,就要活出自己的风格

作家易卜生曾经说过这样的至理名言:人的第一天职是什么?答案很简单——做自己。是啊,人只要活着,就要有自己的独特风格。要做自己其实很简单,一定要在认清自己的基础上把握自己的命运,从而使自己的人生价值得以实现,做自己真正的主人。

我们活着,就要活出自己的风格。这具体是指,我们不光要将自己受人欢迎的个性表现出来，还要使自己的文化修养得以加强，提升自己的精神境界。与此同时，要确保自己的独特风格能够被他人接受和欣赏，从而诠释出最美的自我。

所以，这就需要我们战胜和征服自我，改掉一切坏习惯。因为有时不被注意的坏习惯很容易摧毁一个人的创造力和想象力，正所谓"首先控制你自己，然后你才能控制别的人"。总之，每个人都有自己的一套为人处世的原则，不管是生活还是工作，不要太在意别人的看法，更不能因为别人的评论刻意改变自己。

有一位画家，他想让自己的每一幅画都惹人喜爱。于是，他将画拿到市场上去展出，并且在画作的旁边搁了一支笔和一张字条，上面写着：每一位观赏者如果认为此画有欠佳之笔，可以做出自己特有的记号。

当这位画家晚上回到家的时候，才发现整个画面涂满了记号，几乎每一笔都遭受了指责。为此，他十分不快，内心十分失落。

这位画家又想出了另外一个方法，决定再拿同样的一幅画去尝试一下。于是，他临摹了同样的一张画拿到市场上展出。然而，此次他要求每位观赏者将其最为欣赏的妙笔在画上做上自己特有的记号。

当这位画家晚上回到家的时候，他惊喜地发现，画面上涂遍了记号，上次被大家指责过的地方，现在却是一个又一个的赞美。

于是，这位画家感慨道："无论我们做什么事情，只要使一部分人满意就够了，因为有些人眼里丑恶的东西，在其他一部分人眼里，则是美好的。如果一味听信于人，就会容易迷失自我，甚至做任何事情都会诚惶诚恐。这样的人一生也无法成就大事，是因为他们太重视别人的态度和眼神，但没有自己原则和风格的人生有何意义呢？"

但丁曾经说过："走自己的路，让别人去说吧！"不得不说，每个人都有自己的秉性，每个人都有自己的原则，有的人活泼，有的人淡定，有的人喜欢安静，有的人喜欢热闹，有的人喜欢听取别人的意见，有的人喜欢自己拿主意，等等。不管我们的人生怎样，我们只需活出自己的风格，只要感到自己幸福就可以了。总之，千万不可压抑自己的内心，将自己做人的原则随意丢掉，而要活出自己的幸福和自信，活出自己的风格。

在实际生活中，一部分人的内心确实存在着一种奴役状态。也就是说，他们给自己的心灵套上了一个重重的枷锁。在光阴不知不觉地流逝中，不少人将灵魂交付于他人，为了打拼，从事时髦但自己并不喜欢的工作；不少人为了博得上司的器重，说着言不由衷的话，戴着厚重的面具，在自己并不喜欢的环境里，做着自己并不喜欢的事情，甚至有时会不自觉地完全受命于他人，而将自己的风格丢掉，或者从来没有过自己的风格。

每个人的一生就像一张白纸，我们没有必要将自己的命运全部交付出去，因为有效的规划和对自我的控制，在我们的一生中显得非常重要。如果今天你积极地去思考了，那么明天你就有可能改变命运。也就是说，控制了自己的思想，也就相当于控制了自己的行动。而在思想支配行动的过程中，我们只需要保留那些积极的、能引发成功的思想，同时要坚持自己的原则。做人做事要有自己的独特风格，只有这样，我们才能在社会中生存、立足，在自己喜欢的天地里做出一番大事业，活出一个全新灿烂的自我。

当然，选择自己喜欢的工作，不仅需要勇气，而且还需要魄力。只有这样，才能实现我们心灵上的自由，让魄力带动梦想，活出一个真实的自己。不言而喻，这是人生的一大乐事。凡是成功的人士，都有不同于他人之处，而那些缺乏主见、不能做到独特的人，是不会有一个清晰的目标的，在实现目标这一点上也是难上加难。

总之，我们每个人活着，就要勇于展现自己区别于他人的地方，塑造独特而又优秀的性情。在我们的言谈举止和生命整体中，我们要完全体现自己的独特魅力和风格，从而主宰心灵，向命运发出最英勇的挑战。

■ 别人越嘲笑，越要还给他骄傲

有人做过一项调查，结果显示：生活中超过 95% 的人，曾多多少少受到过用"别人的标准来衡量自己"之害。此外，数百万在生活中无法获得成功与幸福的人，也因过于在意别人的眼光，总以别人的标准来要求自己、改变自己。

每个人都希望自己是优秀、完美的，但实际上，不管多么厉害的人，或多或少会存在一些缺点。甚至说，某些无所谓缺点或优点的个人特质，放在不同的人眼中，也可能会成为加分或减分的原因。每个人的想法和标准是不同的，无论我们如何努力，都不可能做到让所有人满意，让所有人认可。

很多时候，我们之所以总是对自己感到不满意，并非自己真的有多么差劲，而是因为过于在意别人的议论和眼光。但事实上，别人怎么看，对你的人生而言，并不会有多大的影响，真正影响到你的，只有你因他人的眼光和议论而变得浮躁的心。

阿瑟因为能力出众和资格老，被提拔成军官，他的心里格外高兴。因此，每次行军时，阿瑟总是喜欢走在队伍的后面，骄傲地视察士兵们的行军阵容。

在一次行军过程中，阿瑟突然听到他的对手取笑他说：

"你们看，阿瑟根本就不像一个军官，倒像一个放牧的。"听了这话，阿瑟感觉很不好意思，就赶紧走到了队伍的中间。

这时候，阿瑟的对手们看到了，又讽刺他说："你们看，阿瑟那个家伙躲到队伍中间去了，他是一个十足的胆小鬼，根本不配当一个军官。"听到这话，阿瑟心里很郁闷，但想了想，觉得对方说的似乎挺有道理，于是赶紧走到队伍的最前头，昂首挺胸，似乎想要证明自己的勇气。

不料，他的对手依旧不满意他的行为，继续嘲讽道："你们瞧，阿瑟带兵还没有打过一次胜仗呢，就趾高气扬地走到队伍的最前面去了，真不害臊！"

这时，阿瑟终于明白：无论自己怎么做，对手总会有办法嘲讽他。所以，何必非要取悦他们呢，管他们怎么说，自己走好自己的路就行了！

无论你怎么做，你永远不可能让所有人满意。何况，你为什么非得让别人满意呢？他们嘲笑你或者赞赏你，真的这么重要吗？要知道，在这个世界上，没有任何人有资格来评判你成功与否。你的人生不是由别人来决定的，而是取决于你自己。如果你不管做什么事情都要受他人评价的影响，那么最终你可能连怎么走路都不知道了。

古往今来，但凡能够取得一定成就的人，都不是因为遵循别人的指导而获得成功。相反，不少有所成就的人在获得成功之前，都曾遭遇过来自周遭的反对与嘲笑，殊不知，成功有时恰恰就藏在这些轻蔑的嘲讽声中。

很多时候，真理就躲在轻蔑之下，成功就藏在嘲笑之中。那些嘲讽你、打击你、蔑视你的人，未必就站在正义的一方。如果你总是一味地想让别人认可你，过分地在意别人的评价，那么最终只会与属于自己的成功失之交臂，渐行渐远。请记住，不要总拿别人的标准来衡量自己，别人的标准永远无法让你获得成功。

■ 你相信什么，什么就会成为真的

"情况糟透了！"我们经常把这句话挂在嘴边。事业、生活、感情同时陷入低谷，坐个出租还有可能把手机弄丢，以为这已经是最糟的了。第二天，上司说："最近经济不景气，我们要裁员。"你不禁仰天长叹："我还可以更倒霉一点吗？"

于是，烦躁的心情开始蔓延，随之而来的长久沮丧更是让你失去做事的心情。接下来，霉运会接连不断地循环下去：因为没有精神去面试，就没找到好工作；没找到好工作，每天仍处于不开心、不得志的状态；心态不好，工作效率就不高；效率不高，加薪升职无望，还有被解聘的危险；在无望和危险中忧心忡忡，心情更不好，效率更低……

当一个人将时间和精力浪费在无所谓的烦闷的时候，

生活就会越来越糟糕，最后落得一副庸庸碌碌的境地。生活中大部分的烦恼都是自找的，因为它们只存在于自己的想象中，根本就不会出现。当你觉得"最糟糕"的时候，可能更糟糕的事就要来了。但是当你觉得"这没有什么"，保持一份好心情，那些糟糕的事就真的成了"没什么"。

所以说，改变这一切并不难，只要你开始做对了，之后的一切也会发生根本性的改变。遇到问题的时候，不要再抱怨"事情糟糕透了"，而是换一个心情，微笑地面对。在这样的心情状态下，麻烦自然会迎刃而解，你的生活也会更加顺利。这时，你就不会说"糟糕透了"，而是会说"好运来了！"

"最近我糟透了！"巴黎一家剧团的喜剧演员莫尔斯先生总是把这句话挂在嘴边。知道他生活的人，知道这句话并不假。

霉运是在一年前开始的，莫尔斯的妻子出轨，提出离婚，提着行李和人跑了，照顾五岁孩子的任务落在工作繁忙的莫尔斯身上。莫尔斯在研究剧本、表演技巧之余，还要研究如何做家务。他只好打电话向自己的妈妈求救，请她来巴黎照顾孩子。

当天，雪上加霜的消息再次传来，莫尔斯的妈妈生病了，根本不能出远门，需要请看护。莫尔斯只好把自己微薄的薪水分出一部分支付保姆费用，让保姆照顾孩子。可是，一个一个的保姆来到家里，不是不够细心就是手脚太笨，全都不合适。

也许是心浮气躁的原因，莫尔斯的工作也出现了问题。他常常在舞台上表演逗人发笑的角色，如今剧团经理和他谈了好几次话，说他的表情、动作太老土，跟不上时代，观众反应很差，希望他赶快想想办法。莫尔斯觉得，经理有辞退他的意思。

种种情况加在一起，莫尔斯的确"糟透了"，而且有越来越糟的趋势，甚至想到要去看心理医生。周三这天，剧团没有演出，他穿好衣服，准备出门，看到镜子里自己的脸，一脸衰相不说，眼角还多了两条干纹，不禁长吁短叹起来。

"你看着就像个倒霉鬼！"莫尔斯自暴自弃地对着镜子说话："你就不能笑笑？对，笑笑，至少别给别人带去晦气！"于是，他用双手拉起自己的脸颊，拉成一个大大的笑脸，告诉自己："你今天就用这个表情去剧团，明天也是！"

那一天，莫尔斯果然一整天都在笑，碰到他的人都说："今天怎么这么开心！是不是遇到好事了？"一位剧本作者说："我正愁找不到新剧的主角呢，对对，就是要你这种笑脸！就用你了！"晚上，几个演员看他心情好，邀他一起喝上一杯。他们品尝到了地道的海鲜，莫尔斯觉得自己很久都没有如此痛快过了。

第二天是周末，莫尔斯继续保持笑脸，他的孩子受了他的影响，开始大笑，父子俩合力打扫房间，制作早餐。

然后，莫尔斯在儿子面前读剧本，这是一部戏剧，主人公经历了各种各样的倒霉事后迎来皆大欢喜的结局。莫尔斯想，如果把生活当作一幕喜剧，把烦恼当作必经的过程，一直坚定信心，任何人都会迎来皆大欢喜。

生活中，烦恼总是会伤害到很多人，如果你总是抱怨，事情就会变得越来越糟。但是如果你能换一个心情，学会顺其自然，时刻保持着微笑，那么事情反而会向着好的方面发展。生活就像是一本戏剧，如果你以消极悲观的心情对待，那么它就会成为一场悲剧；如果你乐观对待，让自己的内心平静下来，那么它可能就会成为一场喜剧。

不要把生活看成杂乱无章的闹剧，更不能把它看作凄凄切切的大悲剧。生活充满了烦恼和无奈，为什么不把它看成一部喜剧？所有的苦难，为的是最后的大团圆；所有的烦恼，都值得人开怀一笑；所有的不如意，都能自嘲着开解……这样的生活，难道不是最好的吗？

■ 成功之路是孤独的，你只能独自承受

在生活中，失望、悲伤时有发生，这个时候你不用灰心，不要流泪。只有停下脚步，用心感受，用心倾听，打开心扉，才能享受属于自己的那份心情。

人只有在成长中才能慢慢地变得成熟，只有敞开心

扉才能变得自信和充实。面对突如其来的变化，如果你拒绝成长，拒绝改变自己，那么只能让自己的内心越来越寂寞。当寂寞和孤独在内心中不断放大的时候，它就会像浓雾一样笼罩你的心灵，压得你喘不过气来。这时候，你就会失去原本的自信，失去前进的方向。

一位年轻的女大学生毕业后，被分配到一所边远小镇的中学教书。第一次上课，面对这么多学生，她一下子紧张起来。心情紧张的她，脑海里一片空白，根本不知道该说什么，这节课她讲得一塌糊涂。

遭受这样的失败，她十分沮丧。再想到其他同学都有了很好的工作，而自己孤身一人来到这个边远小镇做教师，心里更加难过。于是，她整日消沉，在这种浮躁的情绪中，整日郁郁寡欢。原本自信的她，变得胆小、保守起来。

看到她的变化，一个老教师找到她说："小姑娘，一次失败就让自己失去信心，这不明智啊。我看你并不是教不好书，而是觉得在这里待着憋屈吧。你在课堂上很有亲和力，这很好。你可以试试音乐课，我觉得你肯定能做得更好。"

女大学生这才想到，自己原来不是一直喜欢音乐吗，为什么不去试试呢？

有了之前的教训，她信心满怀地教起了音乐，大获成功，终于赢得了学生和其他教师的喜欢。

当我们觉得自己不行处在一种糟糕的状态中时，更要学会发现自己、欣赏自己。如果我们把自己封闭起来，沉浸在自己的世界中，就会被寂寞和孤独彻底吞噬。敞开心扉，学会承受寂寞和享受寂寞，我们才能找到积极、快乐的自己。

寂寞不过是一种心境，当你敞开心扉的时候，就会发现，世界其实非常精彩。寂寞也是一种磨炼，只有在寂寞中默默等待，才能看见花开的美丽。生活中，很少有人不被寂寞打扰，只要你看得清自己，身临其中，就会发现生活中的另外一种情趣。

你看，飞舞的蝴蝶是美丽的，那种美丽是因为它曾经在厚厚的茧壳中，默默地等待破茧而出；你看，春天的花朵是美丽的，那种美丽是因为它曾经在泥土中，悄然地等待着春风细雨。蛹因为在寂寞中等待，才迎来了飞翔；鲜花因为在寂寞中等待，所以才迎来了绽放。

面对寂寞，我们不必顾影自怜，更不必灰心流泪，而是应该耐得住寂寞，在等待中成长。当那颗躁动的心真正安静下来的时候，你感觉到的将不再是寂寞，而是生活的充实和生命的灿烂。

29 年，索斯克贾尔一个人从遥远的北欧来到中国工作。在整个公司中，只有他一个是外籍人士，不懂中文，加之工作比较独立，生活苦闷可想而知。刚到中国时，他吃不惯中餐，听不懂电视里说的是什么，不理解中国人的生活习惯，无法接受中国拥挤的街道，每天只好一个人下班后，来到一家小酒吧，点一瓶酒解闷。

一个月过去了，两个月过去了，索斯克贾尔感到寂寞的情绪越来越严重。他不想上班，不想和别人交流，只想回到自己的祖国。可是他明白，工作制约着自己，不能做出这样的事情。烦闷之余，他买了一辆自行车，拿着相机到处拍照。

有一次，他骑车来到一个小山村，看到一个小朋友一个人在玩水，表情非常快乐。于是，他悄悄地停了下来，不停地按动快门，将这个小朋友的快乐记录了下来。这个小朋友一会儿玩水，一会儿捉鱼，丝毫不见疲惫，更不见没有同伴的孤独。

看着这个孩子，索斯克贾尔的眼眶不禁有些湿润了。他知道，孩子向来喜欢热闹，最讨厌一个人的时光，可是这个小孩却享受着属于自己的生活，表现得如此快乐！再想想自己，他不禁有些脸红。

后来，孩子发现了这个奇怪的外国人。他跑到索斯克贾尔的面前，露出了天真的微笑。这个瞬间，被索斯克贾尔拍了下来。回到家后，他对着这个镜头看了又看。

从那以后，索斯克贾尔再也没把自己关在小屋子里了。上班之余，他总会带着快乐的心情欣赏中国的风光，并拍了不下几万张的照片。即使在家里，他也学着泡茶，总会给生活增添点小乐趣。

一转眼，两年的时光过去了，索斯克贾尔到了回国的时刻。上飞机前，他又回头看了一眼美丽的中国，露出了灿烂的微笑。

如果索斯克贾尔不能忍受寂寞、享受寂寞，在那两年里早就崩溃了。如果他不甘于寂寞，选择放弃，怎能度过如此美好的时光呢？

寂寞是难耐的，但是如果让自己的内心平静下来，静静地等待，静静地享受，就会绽放不一样的风采。所以，散文家说："寂寞是一种美。就如这个夜，好深，好静，天空没有一丝的风。我遥望夜空，手捧一杯浓茶，随记忆的天马行空，享受思想的行云流水。淡淡地，在孤独中倾听星月的低语。静静地享受，享受宁静中这一分凄楚的美。"

寂寞并不可怕，可怕的是内心的空虚。让我们敞开自己的心扉，把一切烦恼抛到脑后，来享受只属于自己的那份寂寞。如此一来，一个人的天空，也可以画出绚丽的彩虹。

■ 雄心永远要有，万一实现了呢

曾经某品牌的一句广告词"我能"，火遍了大江南北。这句广告词显然极具号召力和励志效果，尤其是对那些意气风发的年轻人来说，不管是面对生活还是工作，都需要给自己不断打气加油。只有相信"我能"，我们才可能真正拥有实现曾经的理想的机会，过上自己所向往的生活。

"我能"——虽然只是看似简单的两个字，但在现实生活中，尤其是面临一些不利的境况时，敢于大声说出这两个字，并从心底坚信自己"能行"的人却非常少。在挫折与困难面前，我们通常更多地听到的往往可能是："我能做到吗""我真怕自己不是那块料""我看还是算了吧，我不行"……

这样的话无疑是对自己的一种质疑，以及在面对未来时的怯懦和退缩。可问题是，还没去迎接挑战，你怎么就知道自己不行呢？如果连你自己都不相信自己的能力，连你都对自己没有信心，那无异于主动放弃挑战的机会。这正是为什么成功的人总是那么少、平庸的人总是那么多的关键。当你认为自己不行的时候，你就真的不行了。

六年前，牛健毕业于北京某重点高校的新闻专业。毕业前夕，在教师的推荐下，牛健获得了一个在某知名媒体实习半年的机会。但在毕业之后，他却应聘到了一家网络公司做策划。

对于牛健的就业选择，很多同学感到惊讶不已。在他们看来，牛健在学校一直成绩优异，表现突出，并且曾有过不错的实习经历，怎么都不应该脱离本行，去做与本专业毫无关系的工作，这不是埋没自己的才能吗？

事实上，做出这样的选择，牛健也经历了一番挣扎。

在实习期间，通过对媒体行业的了解，他发现，如今的平面媒体已经远远不如从前了，网络的普及和通信的发达，彻底改变了人们的生活，对媒体行业也造成极大的冲击。在这个网络通信时代，人人都可能成为"记者"，成为"评论员"。这让牛健意识到，在未来，平面媒体所占的市场份额会越来越小，而新兴的网络则将在很长一段时间内，行走在通信领域的前沿。

此外，在接触网络策划工作之后，牛健发现自己非常喜欢这个行业，而自己的性格特征也非常适合从事这一行业。

当然，他的内心也曾有过挣扎。毕竟一直以来，他所学习的都是与媒体有关的知识，但最终对自己的信心战胜了对未来的不确定。牛健相信，无论在哪个行业，自己都有取得成功的资本和能力。

经过六年策划工作的历练，牛健已成为某知名网络公司的策划总监。他用事实证明了，相信"我能"，自己就真的可以。

牛健的成功，关键在于两点——自信和具有决断的魄力。这正是现如今很多年轻人所欠缺的东西。在从学校步入社会的时候，大多数年轻人在考虑自己的就业选择时，往往会将"学以致用"作为一个大前提，认为不能白白让大学四年的努力付诸东流。这种思路没有错，但更重要的是我们应该认识到，社会的变化和知识的更新是日新月异的。或许四年前刚进入大学校门时，你所选择的专业是热门，但是四年之后却可能早已没了昔日的辉煌，甚至成为"夕阳产业"。在这样的情况下，与其一条道走到黑，为何不考虑像牛健那样冲破专业的限制，寻求更好的发展方向呢？

其实，在当今时代，每个人都拥有很多机会，只要敢于尝试，都有可能做出一番成就的。当然，前提是你必须有自信，相信自己能行，否则即使有再好的机会，如果觉得自己"不可能"，那么就会真的"做不到"。说到底，很多人之所以失败，并不是因为缺少机遇或能力，而是消极的人生态度阻挡了自己迈向成功的步伐。

失败并不可怕，可怕的是尚未尝试就放弃了成功的可能。尝试的结果无外乎两种，要么成功，要么失败。若能成功，自然万事大吉，可即便失败，大不了从头再来，何必总是瞻前顾后、怕这怕那呢？

■ 给自己注入野心，你不缺这点胆量

央视有一档问答节目，叫作《开心辞典》，选手通过回答问题的形式进行闯关，每闯过一关，就会获得一些回报，闯过的关越多，所获得的回报累积也就会越多。而一旦闯关失败，那么所累积的财富自然也就没有了。在每次闯下一关之前，主持人都会让选手自己选择，是拿着已经赢得的财富离开，还是继续"赌一把"。

一次，一位选手还剩下最后一关的三道题，主持人照例询问他，是打算"知足"地拿着自己已经得到的一切离开，还是继续答题。通常来说，不少选手是"知足常乐"的，毕竟题一道比一道难，而一旦失误，之前的努力就会白费。但这位选手依然决定继续挑战。

最后很可惜，这位选手还是答错了，但令人意外的是，他的表情依旧非常轻松，并没有出现沮丧或后悔的样子。主持人问他说："面对现在这样的结果，对刚才的选，会不会感到后悔？"

选手笑着回答："当然不后悔，因为继续答题就是还有机会，如果错过了这个机会，我才真会后悔。题可以答错，但绝不能错过机会！"

很多人怕犯错，因此选择了错过，殊不知，错过是比犯错更大的错误。

人活一辈子，有着不同的追求和梦想，因此，衡量自己这一辈子过得是否成功，标准不尽相同。有的人喜欢用财富与成就来衡量自己的一生，有的人喜欢用平安喜乐来衡量自己的一生，还有的人则用见识了多少、去过多少地方来衡量自己的一生……成功而圆满的人生多种多样，没有一个统一的标准，但有一个指标是所有人衡量自己的一生时通用的：这一生存在多少遗憾与后悔。

在人生的长河中，你是否曾有过这样的懊恼：

有些人一直没机会见，等有机会见了，却犹豫了；

有些事一直没机会做，等有机会了，却不敢再做；

有些话埋藏在心中好久，没机会说，等有机会说时，却说不出口了；

有些爱一直没机会爱，等有机会了，已经不爱了……

机会就是这样，来去如风，可以错，却不能错过。犯了错，或许还有重来的机会，而错过，却只能铸就一生的遗憾。

当初，马化腾曾考虑以60万元将QQ出售，先后找过四家公司寻求合作，对方觉得不值得，而如今马化腾早已跻身中国富豪前列。

再来听个故事。QQ做得稍大以后，马化腾去找新浪创始人王志东，问150万美元要不要，王志东觉得不值得，因此拒绝购买。

但是，日本软银的孙正义只用了六分钟的时间就做出决定，给其貌不扬的马云投资20万美元，原因只是孙正义"看见了马云眼里的光芒"，"觉得马云和杨致远一样疯狂"。在之后的两年里，孙正义先是投了1亿美元给马云做淘宝、阿里巴巴，又分别追加了3.5亿和10亿美元的两次投资，成为名副其实的马云"背后的男人"。

如今，孙正义收获了自己敏锐眼光种出来的果实。

冒险是成功者的本性。唯有敢于冒险的人，在面对风险时，才有勇往直前的信念和孤注一掷的勇气。越是巨额的回报，往往越是潜藏在巨大的风险背后。冒险不是一种活动，而是一种意识状态。冒险意味着勇敢，意味着自己，意味着使自己达到最佳状态，每日每刻，永远如此；冒险意味着拒绝接受别人强加于你的种种限制，意味着奋力向上、超越，然后继续前进。

敢于冒险的人通常很少有后悔的事情，因为当他们想要去做某件事的时候，无论前方有什么困难与风险，都不会阻挡他们前行的步伐。他们敢爱、敢恨、敢拼、敢打，更敢于抓住一切机会。他们不怕失败，也不畏惧犯错，因此，他们的人生很少有遗憾和后悔。

其实，我们每个人来到这个世上，早已被宣判了死刑，只是我们不知道是什么时候，以什么方式来结束我们的生命而已。每个人最终都是要死的，死是一个人一生中的最大恐惧。既然我们最终都会面对人生中的最大恐惧，那还有什么恐惧是我们所不能面对的呢？

人生苦短，在这短暂的人生旅途中，困难、失败又算得了什么？最重要的是，我们曾经放手拼搏过，尝试过，奋斗过！人生不怕犯错，不怕失败，但却最怕错过。勇敢一些吧，别因为惧怕眼前小小的失败，而导致在错过中铸就失败的一生。

第七章 ○

永远都让自己相信，美好的事情即将发生 ●

干任何事情都需要有一股劲，有一种精神，这种
精神和劲头就是信念和激情。信念与激情是一种潜动
力，看不见摸不着，却比物质具有更强大的驱动力。
对于个人，它可以改变一个人的人生轨迹。

■ 生命最大的悲哀，就是没有一颗快乐的心

世界上最可怕的事情，莫过于"墨菲定律"！简单来
说，这个定律告诉我们，当一件事情变好和变坏的概率相
同时，它总会朝着糟糕的方向发展的！

在生活中，我们确实常常会有这样的体验：等公交车

的时候，你等哪一辆，哪一辆偏偏不来，当你决定不等了，刚走出去，车就来了；排队办事的时候，你排哪边，哪边通常会最慢，可一旦你换了队伍，你刚换的那个队伍又成了最慢的……这究竟是怎么回事？我们的运气真的总会一直变坏吗？

其实，事情是向好的方向发展，还是向坏的方向发展，其概率是一样的，关键在于你的内心。你越是担心某件事情会变坏，那么它就会越来越糟糕。如果你改变了自己的心态，告诉自己事情并不是那么糟糕，它很快就会好转。很快，果然如你所希望的那样，事情会向好的方向发展。

坏的运气，完全源于你内心有消极的想法；人生的阴霾，完全源于你内心的阴霾。生活的模样，完全取决于你看待它的眼光。为什么我们不能葆有积极乐观的心态呢？

澳大利亚科学家曾经做过这样一个试验：他们找到几个年龄、职业、收入、能力相当的同性别测试者，假定一系列问题，观察他们的反应：

让他们同时设想他们将拥有的一份工作，这份工作符合他们的能力，年薪数额和奖金数额一模一样，只是工作内容完全不同；

让他们同时设想他们各自娶了一名女性，她们是秀外慧中的美女，各项条件都不错，旗鼓相当，只是性格不同，有的很活泼，有的很文静；

让他们同时设想吃一份顶级晚餐，名厨打造，价格高昂，菜式差不多。不同的是，厨师不一样，一个来自西班牙，一个来自法国……

类似的测试有很多，有些是测试人员直接帮他们选择，有些由他们自己选择。最后测试人员发现，几乎所有人对自己的工作、妻子、晚餐都不满意，不管是不是出于自己的选择。他们不约而同地认为，其他人得到的东西更好，选择更正确，他们甚至懊恼自己为什么没有这样的运气。测试人员相信，即使把一模一样的苹果放在他们面前，他们也会认为自己手里的是最糟糕的一个。因为他们的内心总是抱着消极的想法，让他们的生活失去阳光，原本幸福的生活变得灰暗。即便他们的生活比大多数人幸福，可是他们看到的依然是不幸和困难。

人之所以不快乐，往往是因为他们失去了快乐的心。虚荣、失意、消极的情绪，多数时候让我们对生活不满意。心存美好，我们的生活才会处处有阳光；积极乐观，我们才能摆脱生活中的苦恼，找到人生的乐趣。不论做什么事情，不论身处什么环境，都不要忘了心存美好，这样你才可以看到世界的美好，过上幸福快乐的生活。

在大海里，有一条美丽的小鱼游来游去，一张网突然向它罩了过来，下一秒已经在渔人的船上。渔人看它长得很可爱，便当作生日礼物送给了邻居家的小女孩。

邻居小女孩是个善良可爱的孩子，十分喜爱这条小鱼，小心翼翼地把它放在一个精致的鱼缸里养了起来，整天与小鱼朝夕相处。然而，小鱼并不快乐，因为这个鱼缸太小了，游不了多远，就会碰到鱼缸的内壁。

小鱼越长越大，变得越来越漂亮，小女孩更喜欢它了。可是，这个鱼缸对它来说确实太小了，甚至转个身都很困难。小鱼更加烦闷，有时甚至连动一下身子都不愿意。小女孩似乎看出小鱼的心事，有一天，他将它从水里捞出来，放到了一个更大的水缸里。

小鱼终于能游动身体了，可没过几天，它发现自己仍然游不了几下就能碰到内壁。当它碰到内壁的时候，心情会变得很差。它实在讨厌极了这种转圈圈的生活，索性悬浮在水中，一动不动，也不进食，一心求死。

女孩看到小鱼这个样子，心里非常着急，虽然舍不得自己的小伙伴，但为了小鱼的幸福，她还是决定把它放回大海。小鱼被放入海水中后，不停地游着，可心中依然快乐不起来。一天，它碰到了另外一条鱼，那条鱼问它："你看起来闷闷不乐的样子，难道在这无边无际的大海里生活不够自由吗？"它叹了口气说："唉！这个鱼缸太大了，我怎么也游不到边上了！"

故事中的小鱼，身处鱼缸中时总是抱怨鱼缸的狭小，向往大海自由自在的生活。可是，有一天到了海洋，它又抱怨大海太广阔了，永远游不到边。就是因为它内心总是不满足，总是想着自己生活的不幸，所以无论到哪里都找不到快乐。

很多时候，我们就像故事中的小鱼一样，看到的永远是生活的不幸和烦恼，向往的永远都是得不到的东西。于是，我们整日在"求而不得"的情绪中郁郁寡欢。可是讽刺的是，即便有一天，这种向往变成现实，我们又开始抱怨这种生活。这样一来，我们永远无法获得快乐，因为内心总是无法满足和快乐。

生活总是遇到这样那样的问题，不同的心态自然会有不同的结果。如果你内心满是阴霾，那么你的人生就是灰暗的；如果你心存美好，那么你的人生就是阳光灿烂；你笑起来，整个世界就会扬起快乐的笑容。扫去心中的阴霾，让内心纯净亮堂起来，则幸福无处不在，好运无处不在。

■ 如果你不勇敢，没人替你坚强

"在大自然中，每一个鲜活灵动的生命都有选择权，不管是啼哭的婴儿，还是摇摇晃晃学走路的小羊羔，或是枝繁叶茂的大树，他们都恣意地生长着，都有不断向上的生命力量，都可以为自己的未来做出选择。当遭遇困境，只有选择坚强面对才能战胜挫折，只有选择坚强才能收获理想的果实。"这是美国著名作家马丁·科尔在其代表作《最伟大的力量》中写的一句话。

人生在世，我们都会遭遇困境，那么在困境面前，我们会做何种选择，将直接关系到我们人生的方向。如果我们耐得住暂时的挫折而选择坚强，那么最终我们可能会迎来灿烂的人生。相反，如果我们总是抱怨命运的不公，遇到麻烦就退缩妥协，那么我们就容易养成不好的习惯，到头来迎接我们的必将是人生的无望和灰暗。

亚历山大帝王图书馆遭焚的时候，有一本书幸免于难。实际上，这本书并不是多么贵重的物件。有一个穷人看到后，摸摸口袋里还有几个铜板，便花钱买下了它。

这本书没有多大的意思，但书里面夹着一个比较有趣的东西——一张很薄的羊皮纸，上面写着点石成金的秘密。

纸片上这样写着：这块奇石在黑海岸边可以找到，但是奇石的外观跟岸边成千上万的石子没什么两样，谜底在于奇石摸起来是温的，而普通的石头摸起来是凉的。

在这一重要信息的指导下，这个穷人决定捡拾石头。于是，他变卖了家当，带上简单的行囊，到黑海岸边去了。

他很清楚，如果将捡起来的凉石头随手扔掉的话，那么很可能会不断地重复捡拾已经试过的石头，从而无从辨别哪个是真正的奇石。所以，他捡起一块凉石头后，便丢到海里。

穷人不停地捡呀丢呀，捡呀丢呀……一天过去了，他没找到一块宝贝。一个星期过去了，一个月、一年、三年……很多年过去了，他还是没能捡到奇石。然而，他并没有气馁，依然继续捡，继续丢……

这一天早晨，他和往常一样捡起来一块石头，居然是温的！但是，他已经习惯捡起石头便往海里丢，这个动作对他来说太根深蒂固了。所以，他拿起这块温热的石头后，随手扔到了海里。事实上，这块石头正是他要找的奇石！

不得不说，这实在是令人遗憾的结局。可这样的结局能怪谁呢？正是穷人自己习惯性的选择所致。由此可以说，在困境面前做出怎样的选择，至关重要。要想收获成功，我们就要养成正确选择的习惯。当然，做出这样的选择，首先需要我们具备强烈的耐挫能力。一旦具备这样的能力，那么我们在困境面前，就会很自然地看到积极的方面，选择直面挫折，进而战胜挫折。

不可否认，在我们的一生中，难免遭遇这样或者那样的困境，有时甚至打击会接二连三，让我们不得不面临各种难题。如果我们没有耐挫能力或者这种能力不强，就容易形成悲观的思想，认为生活艰难，就像一场战争，认为这是命运在故意和自己作对，很容易退下阵来，向命运认输。到头来，我们可能就真的输掉了整个人生。所以，为了让自己的人生活得精彩，无论遭遇什么样的挫折，请你务必让自己勇敢一点，坚强一点，唯有如此，我们才能形成好的习惯和积极的力量，人生也会迎来美好的结局。

■ 成功确实不容易，但未必就真的有那么难

在这个世界上，相对平庸者而言，成功者的确是少数，但相对天才来说，成功者的数目则要翻上好几番。看看那些取得成功的人，有谁是三头六臂呢？他们中有很多人和我们一样，如此普通，如此平凡。不同的是，他们拥有超凡的勇气，拥有敢于尝试的信心。于是，他们勇敢地踏上了成功的征途，成为人生的勇者与王者。

但是我们总是把成功想得很难，好像不经历十八般磨难就不能获得成功。所以，虽然很多人想成功，不愿甘于平凡，想要拥有惊天动地的作为和荣誉，但是又有多少人真正体验过一次成功的滋味和欣慰呢？他们总被所谓成功的难度吓怕了，还没动手，就已投降，宁愿不高不低、不痛不痒地过着所谓的安逸生活，也不愿意花些力气冒风险去做那“可望不可及”的事情。

很多事情不是因为它太难我们做不到，而是因为我们不敢做它才变难的。我们不妨好好想一想，你是否也曾有过这种时候？面对一个可能会让你更有发展的机会，却因为舍不下自己安稳的工作与生活，最终选择放弃；面对一

个更好的选择，却因为惧怕未知的前方而踌躇不前，最终选择保持现状。你的选择看似好像十分明智，但事实真的如此吗？你是否想过，当你选择了这些看得见的安逸与稳定时，你便已经放弃了成功的可能。

多年前，有个韩国学生在剑桥学习心理学课程。每天的下午茶时间，他都会雷打不动地待在学校的咖啡厅或茶座室里，因为在这里可以听到一些成功人士的交谈，这是个很长见识的事情。这些成功人士包括诺贝尔奖得主、某一领域的学术权威以及一些创造了经济神话的人，他们幽默风趣，举重若轻，都把自己的成功看得非常自然和水到渠成。

时间一长，这个学生心里就有了想法：难道自己那么多年在韩国都被那些成功人士给骗了吗？他们不知出于什么心理，普遍把自己创业时的艰辛程度夸大了。也就是说，他们是不是在用自己杜撰的成功经历吓唬那些还没有成功的人？作为心理系的学生，他认为很有必要对那些成功人士的心态做一个研究。

于是，他把《成功并不像你想象的那么难》作为毕业论文，并提交给了现代经济心理学创始人威尔·布雷登教授。威尔·布雷登教授看过以后甚是惊喜，这不能不说是一个新发现，但这种现象在东方甚至在世界各地早已普遍存在。可是在此之前，还没有一个人胆敢把它大胆地提出来并加以研究，这人是第一个。

教授决定给自己的剑桥校友——当时韩国政坛的第一人朴正熙写信，他在信中说："我不敢说这部著作对你的政绩有多大帮助，但它肯定比你的任何一个政令都能产生震动。"果然，这部书后来和韩国的经济一同起飞了。它鼓舞了许多人，因为它从一个新的角度告诉人们：成功与否并不取决于困难的多少，只要你对某件事感兴趣，并且在这方面不是白痴，那么投入精力坚持下去就能得偿所愿，因为上帝赋予你的时间和智慧足够你圆满地做完一件事情。

当然，那位韩国学生后来也获得了成功，他成了韩国泛亚汽车公司的总裁。这就是一个关于成功的真相。成功与成功人士一直渲染的"上刀山下火海""九九八十一难""山路十八弯"不存在必然的联系，成功过程的感受也并非如炼狱般痛苦不堪。

成功确实不容易，但未必就真的有那么难。别被那些关于成功的传说与谣言所欺骗，错将挡在成功路上的野猪当成会喷火的恶龙。你只需鼓足勇气，举起佩剑，也能如别人那般披荆斩棘，奔向理想的彼岸。

所以，别再把人生想得那么难，人生需要几分自我的鼓励，不管在什么时候，都要有几分信念和信心。最起码你要相信自己，相信自己配得上无比美好的未来，这肯定没有你想象的那么难，只要你肯敲门、肯尝试、肯努力！

■ 你愿意相信，美好的事情就会发生

生活中，几乎没有人敢说自己没有痛苦。恰恰相反，几乎每天都能听见有人在哀叹："我好痛苦啊！"似乎痛苦一直在我们身边，从未走远。

人们到底是因为什么而感受到痛苦呢？究其原因，实在是形形色色，花样百出。比如，上班挤公交、地铁，遭遇一场不见硝烟的"贴身肉搏战"；比如，自己喜欢的人结婚了，旁边站着的却不是自己；和自己最要好的朋友因为一点小事而闹得不可开交，从此形同陌路……痛苦的原因不胜枚举，各有"特色"。

对于这些叫嚷着痛苦的人们，我们不禁要问：在埋怨痛苦接二连三地"光顾"时，你是否静下心来想过，造成自己内心痛苦的真正根源？是否采取过切实有效的行动来排解自己的痛苦，而不仅仅只是寻求暂时的解脱？

要知道，我们活着的意义是追求幸福和快乐，而不是被痛苦所折磨。对此，一位心理学家的建议是：痛苦来了，要耐得住。同时，深感痛苦的时候，不妨想想宇宙。

看起来这句话颇有些俏皮，但它却可以给我们一定的启迪。想想看，每一个生命都是宇宙空间中的一粒小小的"尘埃"，我们几十年的生命相对宇宙的"年龄"来说，更

不值一提。因此，当我们痛苦的时候，想想浩渺无垠的宇宙，想想自己的微不足道，是不是可以将痛苦化解掉呢？

作家杏林子因为身体关节的毛病，经常躺在床上，无法做事。但她认为，自己只是关节有问题，相对那些患有重大疾病的人来说，算得了什么。她坚信，总有一天，她也能像常人一样，做自己爱做的事。

有了向自己挑战的信心，事情便成功了一半。杏林子开始尝试写作，渐渐地，她发现从写作中可以找到自我，更加坚定了向人生挑战的念头！她曾说，真正的残疾是心死，而不是外在的残疾！她有了好的开始，便想超越自己，于是创办了伊甸园。她不但向自己挑战，也开始关心别人。

看完杏林子的故事，我们不得不感到自愧不如，由此必须承认，没有轻而易举的成功，没有顺顺利利实现梦想的捷径。

的确，在我们追寻梦想的道路上，难免会荆棘密布，挫折横生。在这些障碍面前，我们只有秉持坚定不移的信念，充分发挥自己的聪明才智，才能不断克服困难，向成功的大门一步一步靠近。

古人云："天行健，君子以自强不息。"要想成功，我们必须要坚定信念，不仅具有坚持不懈的毅力、百折不挠的韧劲，而且要有宠辱不惊的平常心，保持清醒头脑，摆正自己的位置。

相对宇宙来说，自己的那点小痛苦实在算不了什么。既然如此，那么我们就没有必要让痛苦驻留于自己的心间，而应该像抖落一粒微尘那样，把它丢掉！

■ 只要心怀希望，生活就不会绝望

有时候，生命极其脆弱，所以每个人不要背负太多的痛苦与悲伤，而是应该活得豁达一些、乐观一些。只有这样，才能在生活和工作中游刃有余，活得轻松快乐。在现实中，人们在很多时候会忘记"人只能活一次"这一常识。既然我们只能活一次，那就应该轻松一点，给生活一张漂亮的脸，切勿让自己坠入"累"的影子。

如果留意一下，我们听到的、感受到的，大多是一些对自身状况的不满之声，比如"没能考上博士，找工作时选择余地更小了""父母都是普通职工，根本不可能为自己创造多么优越的条件""现在房价、油价这么高，养房养车真是压力超大啊！"……可以说，类似的感叹不绝于耳，人们似乎都在为自己不具备的东西而发愁。因此，有人活得不快乐。

于是，很多人开始了对生命的拷问：难道我们是为了受罪而来到这个世界上的吗？

持有这样想法的人，实际上是没有参透生命的真谛，归根结底是因为没有一颗感恩生命的心。著名史学家、北京大学历史系教授周一良说过这样一句话："并非每个人都要过得荡气回肠，并非每个人的每件事都会如人所愿，在经历了人生的坎坷之后，你还能够平凡地生活，这也未尝不是一种幸福。"

其实，我们每个人都要知道自己实际上有多大的能量，有多大的才能。在平淡的时刻，我们可以对辉煌有所向往；在辉煌的时候，我们应该清楚地看到"楼外有楼"。如果以这样的心态生活和拼搏，我们自然就少了浮躁，少了负累，多了轻松。

有时候，经过我们的努力，尽管我们没有创造出什么辉煌，但却享受到了那份追求时的快乐。人的一生不能载着太多烦恼和忧愁踏上路途，只有内心坦然、轻松，才能无往而不乐。总而言之，平常做人，平常做事，轻轻松松，不再负累，我们就能保持心理平衡，保持平静的心态，阳光般地度过每一天、每一分、每一秒。

那么，我们如何才能做到轻松、不负累呢？

要换一种想法。人的一生不可能一帆风顺，重要的是看自己能否换一种想法。比如，你在上班的路上不小心被人撞了，就算别人立即向你道歉，有时你还是会火冒三丈，其实撞到你的人，实际上内心比你还难受。

让不开心的事情移开自己的视线。一旦自己遇到了不开心的事情，可以选择一个安静的地方，自己坐下来或者躺下来，全身心地释放自己，或者想一些美好的事情，或者活动一下身体的大关节和肌肉，通过放松肌肉从而舒缓身心，或者慢慢地深呼吸，同时默念"放松"二字，或者邀朋友去做自己喜爱的事情。

要知道，在我们的人生中，并非只有目标和理想，也不光有事业和成功。我们生活中的每一天，我们生命旅程的每一步，都有值得驻足观望的"风景"。所以，请放松你的心情，放慢你的脚步，给生活一张漂亮的面孔吧。带上它们，认真地体味那些因为忙碌而错过和可能错过的风景，相信它不会让你失望的！

■ 别害怕，人生本来就是从零开始

社会学家做了一个试验，将从 1 到 10 这十个数字摆在测试者面前，请他们从中挑选一个。多数人选择数额较大的数字，这证明在潜意识里，人们想得到更多。还有人选择了自己的幸运数字，认为这个数字代表一种好兆头。只有一个人选择了"0"。

社会学家问这个人为什么会这么选，这个人说："因为 0 预示着无限的可能，如果今后我获得了 7，加上这个 0，我就得到了 70。我的起点是 0，获得的却是别人的十倍。"

在数字里，"0"是最奇妙的一个，看似什么也没有，可是只要我们在前面或后面随便加一个数字，就会变成"有"。测验者没有人愿意选择"0"这个数字，因为他们认为它是最小的，代表着一无所有。可是，他们忘记了这个数字预示了无限的可能。虽然开始意味着一无所有，但是只要以这个数字为起点，那么就会有更多的收获。

数字是从"0"开始的，任何事情都是从零开始的。婴儿刚刚出生的时候，一切都是零，不会说一个字，不会走路，不懂得道理。可是没过几年，经过学习，他们开始能说会道，学会了走路、奔跑，学会了许多事情。年轻人刚刚进入社会时，对于一切都是陌生的，工作上不熟练，不懂得人情世故，更不知道自己的人生目标是什么。可是不过几年，经过了努力的学习和社会的磨炼，他们掌握了熟练的技能，在自己的岗位上做得有声有色，更懂得了人情练达，有了切实的人生目标，也有了自己的价值。这一切都是因为他们从零开始，有了生命的起点，每个人才能逐渐学会更多的知识，明白什么是对、什么是错，才能一步步走向成熟。有了人生的起点，每个人才能不断地改善自己，实现人生目标。如果这一切都没有起点，那么一切都不复存在。

任何事情都是从零开始的，无论是多么高耸的山峰，如果你不从山底开始攀爬，就不能登上顶峰；无论多么辉煌的事业，如果你不能从起点开始，就不能实现自己的目标。任何事情，只有迈出了第一步，然后一步步地走下去，才可能达到目的地。

从零开始，我们的每一步都是巨大的收获。从零开始，我们不会失去什么，不管我们获得什么，都是自己努力的结果。不论做什么事情，我们都应该保持平常心态，从零开始，这样才能收获更多。

每一个从乡村走出来的大学生都渴望留在城市。大学毕业时，来自农村的洪磊也曾这么想。经过一个月的尝试，他没有在大城市找到满意的工作。看到几个老乡每天不懈地投简历，洪磊却有另一种想法：在城市读大学不一定要留在城市，回到农村一样有发展。

洪磊看中了养殖业，他首先用家里的存款买了一批兔子，因为缺少经验，没能及时处理一只生病的兔子，导致这批兔子死了一大半。从此以后，洪磊到处向人询问养兔子的技巧，还和几个兽医交了朋友，不厌其烦地到邻村向养兔达人取经，终于在年底赚到了几万元。这不是一笔大数目，但洪磊靠这笔钱建了一个小型的"养殖基地"。

几年后，留在大城市发展的老乡还在为每个月的薪水奔忙，洪磊的事业却越来越好，成了远近闻名的"养兔大王"。

从一个大学生变为养兔大王，不仅要实现心态上的转变，也要切实地面对每日的养殖工作，离开城市回到农村的洪磊，做到了这一点。他从零开始，一切从头学起，正是这种端正、良好的心态，使他取得了留在城市的老乡所无法取得的成绩。

很多人害怕从零开始，因为这代表着失败，代表着自己将要失去。殊不知，"零"虽然代表着失去和一无所有，但是更代表着开始，代表着无限的可能。只要你相信自己，保持一颗向上的心，一切都有重头再来的机会。生意失败了，你的努力白费了，可是这可能意味着人生的另一种可能。只要你肯努力，有信心，就有东山再起的机会。最重要的是，有了从零开始的机会，你就会更加珍惜现在所拥有的，有了发现更多成功道路的机会。爱情失去了，你失去了曾经山盟海誓的情人，可是这也意味着你将遇到更多的人。只要你心中有希望，不放弃，那么更合适的人、更美好的生活，就在不远处等着你。既然已经失去了，为什么不给自己从零开始的机会？

不要害怕失去，也不要害怕一无所有，我们的人生本来就是从零开始的。从零开始，我们的人生就没有那么多的压力、顾虑，最差的结果不过是失败。本来就一无所有，失败又有什么关系？只要我们可以重新开始，就可以寻找新的机会、新的快乐。因为我们手中的"0"，代表的是无限种可能。

不要害怕从零开始。只有真正地敢于从零开始，把握从零开始的人，才能真正的智者。一无所有，就没有了什么负担和压力；从零开始，意味着我们的人生回到了生命原初的状态，虽然一无所有，但是却拥有无限的未来，无限的希望。

从零开始，告别过去和失败，告别压力和烦恼，勇往直前就是最大的收获。从零开始，每一步都是得到，都是成功。

■ 所有的颠沛流离，只是为了成就更好的自己

不管做什么，人们似乎都更崇尚胜利，会为赢家喝彩，为成功者鼓掌。可是，你想过没有，有赢家必然有输家，有胜利者就一定有失败者。当我们自己恰好是那个失败者的时候，我们该怎么办？是垂头丧气、萎靡不振，还是毫不气馁、重整旗鼓？

其实，每个人的人生好比一盘棋局，时而风平浪静，时而暗潮汹涌。也就是说，我们时常需要面临"失败"这个不速之客的光顾。既然如此，我们就有必要做好"输得起"的准备。

要知道，如果耐不住一时的失败，那么就容易失去平常心。如果没有了平常心，怎么会赢得一个成功的人生？因此，耐得住挫折，受得了失败，将对我们人生道路上的

输赢，起着关键的作用。

在动物界，狼群无疑是最有效率的猎捕者，但是我们或许并不清楚，它们捕食的成功率仅仅只有10％左右。也就是说，在狼群每10次的猎捕行动中，仅仅只有一次的成功机会。

虽然只有十分之一的成功概率，却关系到整个狼群的生存问题。让对狼群进行观察和研究的学者惊讶的是，在面对绝大多数失败的捕猎结果时，狼群不会表现出倦怠和绝望。相反，一次失败的狩猎行动，只能磨炼狼群的技能和增加对成功的渴望；对于所犯的错误，狼绝对不会视为失败，自然地把人类视为失败的经历转化为生存的智慧。

每一次失败之后，它们都会很快地整装待发，投入下一个新的任务。它们坚信，每次的失败，都可以从中获得不一样的经验和教训，随着时间的推移，最终会得到新的狩猎技巧，成功最终会降临在它们身上。

狼群用坚强的毅力向我们证实了：经得住失败的挫折，对于成功多么重要！实际上，失败并不是最可怕的，最可怕的是找不到或不去找失败的原因。因此，在面对生活和工作中的问题时，我们要像狼群一样，在每次失败过后都找出问题、解决问题，然后充满信心地投入下一次的"狩猎"中去，这样才能更好地成长。

一位励志大师曾说："成功根本就没有秘诀可言，它只是有心人在总结失败经验和汲取教训之后，自然而然结出的果实。而输赢赌的就是人们的心理，谁不怕输，谁能有一颗平常心，谁就可以赢得最终的胜利。"

从这个角度看，输有时也是另一种赢。因为成功给人荣誉与兴奋，但不会有什么启示，而输则能给人以启迪，促使我们思考和探索，给我们指出一条新的道路。

几年前，在一次考试中，罗米尔教授给一位将要毕业的学生打了个不及格的成绩。这件事对那个学生打击很大，因为他早已做好毕业后的各种计划，现在不得不取消，真的很难堪。他只有两条路可以走：一是重修这门课程，下年度毕业时拿到学位。二是不要学位一走了之。在知道不能更改后，他大发脾气，向教授发泄了一通。罗米尔教授等待他平静了下来后，面对他说："你说的大部分很对，确实有许多知名人物几乎不知道这一科的内容，你将来很可能不用这门知识就获得成功，也可能一辈子用不到这门课程的知识，但是你对这门课的态度对你大有影响。我希望你现在要做的就是冷静下来，平静地接受这一结果。"

"你是什么意思？"这个学生问道。

罗米尔回答说："我能不能给你一个建议？我知道你相当失望，也了解你的感觉，不会怪你。但是请你从内心接受这件事。这一课非常重要。请你记住这个教训，五年以后你就会知道，它是让你收获最大的一个教训。"

后来，这个学生重修了这门功课，而且成绩优异。不久，他特地向罗米尔教授致谢，非常感激那场争论。

"这次不及格真的使我受益无穷，"他说，"看起来可能有点奇怪，我甚至庆幸那次没有通过，因为我经历了挫折，并尝到了成功的滋味。"

一次考试的失败，在教师的引导和鼓励下，他终于认识到了输的意义，品尝到赢的滋味。其实，在我们的人生旅途中，没有一个人不会经历挫折。面对挫折，我们要具备百折不挠的意志，通过"输"来寻找当初奋斗的起点。当我们耐得住挫折的时候，我们就会用"输得起"的心态来看待失败。因此，即使有一百次扑倒在地，也会在第一百零一次站起来！事实上，每一次的失败，都是在磨砺我们的耐受力。在这种耐受力的支撑下，我们会逐渐向成功靠近，而每一次的成功过后，我们又站在了一条新的起跑线上。

第八章 ○

在灰烬中昂扬前行，每走一步都是出路 ●

生命的起点只有一个，而人生的起点可以有很多个。人生不是一只细瓷碗，破碎了就不能再弥补；人生其实是朵花，谢落了还可以再开放。把握好现在，在艰难困苦中昂扬前行，每一天都是我们的新起点，每一步都是我们的新出路。

■ 结局未定，别急着否定自己

"怯懦囚禁人的灵魂，希望才可感受自由。"这是电影《肖申克的救赎》中主人公安迪所说的一句话。一个被冤枉杀了自己妻子的男人，一座高墙林立的冰冷监狱，一个在绝望中铺陈开的故事，最终以童话般令人感到不可置信的结局震撼了全世界。

故事发生在 1947 年，银行家安迪被指控谋杀了妻子及其情人而被判无期徒刑，他的人生在这一刻发生了翻天覆地的变化。事实上，对大多数人来说，这无异于已经将往后的人生推上了绞刑架。

试想一下，如果这一切发生在你的身上，你因自己从未犯下的罪行而被烙印上"罪犯"的标签，为自己不应背负的罪孽锒铛入狱，前途尽毁，你会变成什么样？痛苦不堪，甚至自我了断？一蹶不振，或者自甘堕落？大概不少人难逃这样的结局吧。

但安迪不同。在监狱里，他花了六年的时间，每周坚持给州长写一封信，希望得到捐助扩建图书馆。人人都告诉他，这不可能实现，但六年的坚持真的让他建成了全美最大的监狱图书馆，囚犯得以享受知识的洗礼，接触外部的世界。他利用自己掌握的知识辅导年轻的囚犯学习，从废纸篓中捡起对方揉烂的试卷寄出去，让这个年轻的囚犯获得了高中文凭认证。

在整个故事中，最令人震撼的莫过于安迪对自由从未熄灭的向往。他穷尽 20 年的时间，一天也不曾间断过地将在别人看来需要花费六年时间才能挖穿的牢墙挖穿，忍受着熏天的臭气，爬行了所有人认为不可能通过的五码距离——当他站在瓢泼的雨中张开双臂，享受向往已久的自由时，我们从这个自由者的身上，体会到一种深刻的力量——希望！

这是一个故事，一个震撼全世界的故事。Hope Can Set You Free（希望让人自由），这是整部影片传达给世界的主旨。

在人类漫长的发展历史中，最难能可贵、不可战胜的，不是智慧，而是希望。只要希望之光不灭，人就永远不会被击败。在苍茫的大地上，人类渺小而脆弱，但就是这样渺小而脆弱的人类，一次次地在大自然面前创造出令人震撼的奇迹。纵观整部人类文明史，我们会发现，任何一次微小的进步，都是由无数的失败与挫折堆砌而来的。在这无数次的失败与挫折中，哪怕有一次，人类失去了希望，放弃了前进，都永远注定无法收获今日的辉煌。

生活是残酷的，或许比任何一部电影所表现出的都要绝望与痛苦。我们永远不知道绝境会在何时等候我们的光临，也无法控制生命的道路是坦途还是崎岖。但在面临困境时，是绝望还是希望，是我们自己可以决定的。有句话，曾经触动了无数人的心："你不必害怕沉沦与堕落，只消你能不断自拔与更新。"这种更新的基础，就是内心永远憧憬着未来的希望。

每个人心中都应该有一片烟火，只要烟火不灭，哪怕眼前漆黑一片，我们也能活出光华璀璨。

"5•12"汶川地震是人们永远无法忘却的痛。在地震发生的时候，40多岁的张晓平正在都江堰市某街道附近一处楼房的一楼家里。当时，一块预制板斜着掉了下来，正好砸在张晓平的两个膝盖骨上，随着剧烈的震动，房屋墙壁开始坍塌，倒下来的墙壁和斜着砸下来的预制板抵在一起，形成了一个30度角，把张晓平死死困在其中。预制板靠地面的一头，压着张晓平的膝盖，让他分毫都移动不得。

在这样的绝境下，张晓平依然没有放弃生的希望。就在这30度角的生机下，他一撑就是四天四夜，直到消防官兵发现了他。当时，官兵曾试图分别从楼房的上层和侧面打出一条通道，可是那个地道打通后却发现，由于张晓平容身的空间非常狭小，他们根本没有办法进行进一步的施救。

那时的张晓平已经在废墟里坚持了近125个小时，即使救援人员每隔一小时就给他喂一次流质食物，他的身体依然越来越衰弱。最后，在要腿还是要命的抉择中，他发出最后一点细微的声音：要命。

最终两位医生冒着生命危险进入洞口，直接在里面给张晓平做了截肢手术。在被困129个小时后，张晓平终于从一个狭小的洞口中被活着运送出来。

"抚着脸上的泪痕／我知道／你们能行的／有那么多希望和梦想支撑着／死神终将被打败／即使满眼泪水／也

不放弃希望。"这是一位诗人在汶川地震之后，为向灾区同胞们致意而写下的一首诗。

正如诗中所说的，因为有希望和梦想支撑，人的生命才能如此顽强与不屈。任何奇迹的发生，不是来源于它本身的条件，而是取决于人们对生命的渴望和永不放弃的信心。在狭小的空间里，在绝望的废墟下，张晓平之所以能够坚持上百个小时，就是因为有一种精神力量支持着他。正是这种精神的力量和积极的心态，以及内心对一个好结果的希望，让他在生命垂危之际，始终不曾放弃，直至最终创造了生命的奇迹。

一生致力于改变南非种族隔离体制的图图大主教，曾说过这样一句话："没有不可转变的情况，没有绝望的人，没有一种命运，会在最深刻的爱的激励下还保持原貌。"生命之所以不屈，正是因为前方闪耀着希望的光芒；人类之所以不可战胜，正是因为哪怕身陷绝境，心中也有一片烟火在黑暗中盛放。

■ 人生赛场，"熬"得住就会获大奖

经过等待和考验的过程是美丽的，"熬"是一种力量。我们知道春小麦没有冬小麦黏稠、芬芳，为什么？就在于春小麦没有经过漫长的严冬，没有经过风雪的洗礼。植物

尚且如此，何况人呢？

听说过一个有趣的试验。

教授给十个孩子每人发了一颗糖果，并郑重其事地说："必须等到三个小时之后再吃，到时会有更多的糖奖赏给你们。"三个小时之后，他回来一看，只有一个孩子还拿着那块糖，其余的全部偷偷吃了。多年后，他调查了这些孩子的情况，发现忍住没吃糖的那个孩子事业最成功，成为企业统帅。

"熬至滴水成珠，本身对人生来说，就是一个美妙景象，是一个美好的修炼过程。"这是作家池莉的散文集《熬至滴水成珠》中的一句话。疼痛与诚挚中，凝聚了她的寻觅、沉吟、安宁和喜乐。

的确，人生本身就是一种修炼的过程，这种修炼就是一种"熬"，煎药般地"熬"，煲汤似的"熬"。"熬"的过程可以增强我们的心志，练就忍耐、沉稳与坚忍。在收获平和心态的同时，我们便会逐渐经得住折腾，担得起风浪。

璞要经过工匠的千雕万凿，才能成为价值连城的美玉；蛹要经过痛苦的四次脱皮，才能变成翩翩起舞的飞蝶。渴望成功，就不要畏惧"熬"的艰辛，真正潜心做事之人都有体会：成功是"熬"出来的。

一个"熬"字，多少时光岁月流转，多少点滴琐碎。"熬"字就是"难"字，就是"慢"字，就是"痛"字，就是"忍"字。明白这些转换，才能体会"熬"的无尽内涵，感受"熬"所蕴含的力量。

"熬"是一种力量，一旦爆发，必定惊人，看看石悦的故事就知道了。石悦——轰动网络的历史小说《明朝那些事儿》的作者，他凭着一种"熬"的韧性，20年来潜心学习写作，终于让五湖四海的人们几乎在一夜之间承认了他。

成名之前，石悦是一个再普通不过的人：出生在平凡百姓家，性格偏内向；上学以后成绩一直不好也不坏，没有任何特长，一直被教师、同学视为资质平庸、未来平平的男孩儿。

他唯一与众不同的是对历史的痴迷。还在上小学时，当别的男孩子整天拿着变形金刚、仿真手枪玩得不亦乐乎的时候，石悦却对汗青故事情有独钟。一套《上下五千年》是他童年、少年时形影相随的"好伙伴"。进入大学，许多同学谈恋爱、玩网游，而石悦仍然将课余时间全都交给了史书。只要一有空，他就会一头扎进图书馆，如饥似渴地阅读着一本又一本厚厚的历史丛书。

大学毕业后，石悦考取了公务员。他从来不会像办公室的其他同事那样，一张报纸一杯茶地消磨着漫长的时光，依旧躲进史书与各朝各代的汗青人物交友为伴。石悦成了众人眼中的另类，甚至被大家认为有点孤僻。

在实际生活中，他不抽烟不喝酒，不打麻将不泡吧，也不爱交朋友，一点都不像"80后"。下班后，他基本上没有任何休闲活动与社交应酬，常常将自己关在狭小的房间里，独自沉浸在那些刀光剑影、富贵浮云的汗青往事中，或者奋笔疾书地记录着一些有趣的汗青故事。

直至有一天，一个题目叫《明朝那些事儿》的汗青小说帖，在天涯论坛、新浪网站风起云涌，深受网友追捧，每月的阅读点击率超过百万。当很多出版商赶赴石悦的单位争相和他签订出版合约时，大家方才发觉这个平时毫不起眼、有点木讷内向的青年，就是目前网络中大名鼎鼎的当红笔者"当年明月"。

后来，有媒体记者向石悦讨取成功经验时，石悦不无感慨地回答道："是这样的，比我有才华的人，没有我努力；比我努力的人，没有我有才华；既比我有才华又比我努力的人，没有我能熬！"

这话回答得何等恰切！石悦的成功确实是"熬"出来的，从上学到参加工作，他20年如一日、默默无闻地从事着自己所喜欢的创作工作。他经历了漫长的等待和煎熬，《明朝那些事儿》的成功就是一种必然。

奥斯汀曾经说过一句话："在你心中的庭院，培植一棵忍耐的树，虽然它的根很苦，但是果实一定是甜的。"在"熬"的过程中，你要努力把根扎得很深，汲取养料，你的树干在不知不觉中成长，总有一天会荫蔽四方，结出甜美的果实。

如此我们可以看出，"熬"的过程的确痛苦，但它却是锻造意志力最直接的途径、打造成功最有效的方式。只有熬得住艰辛，才能挺得起人生。只有熬得住苦难的沉重，爆发时才能撑得起未来的辉煌。

在快节奏、极浮躁的时代，总是站在起跑线上的你，可以做春小麦，在春风细雨中早早抽穗，早早结果；也可以尝试做冬小麦，经历严冬风雪，慢慢成熟，细细磨炼，孕育出更饱满、更芬芳的麦粒。

■ 失败的废墟里，也能挖出成功的契机

在现实生活中，我们身边总会突发一些事情。在危机来临的时刻，我们需要将整个局面掌控住，争取让"负面"变为"正面"，也就是将一方面的危机变为另一方面的契机。总之，要对自己有自信，将主动权握在手里，用心捕捉危机中的转机。只有这样，我们才能化危险为平安。

其实，就算是事情有了某些不好的负面影响，我们也有可能寻找到转化为正面影响的契机，只要自己能够稳稳地掌控大局，做到沉着冷静。正如俗话所讲的"祸兮福之所倚，福兮祸之所伏"。最关键的在于，当危机出现的时候，我们要将问题的根源挖掘出来，积极地付诸行动，才

能让"危机"变"契机"。

在明朝永乐年间，明成祖借着迁都之际，计划将皇宫的规模扩大，于是集中全国各地著名的工匠大兴土木。在那个时候，被大家誉为"蒯鲁班"的著名工匠蒯祥，被任命为主持这一工程的主要负责人。

工部侍郎一直很忌恨蒯祥，于是就在一个雷雨交加的深夜，悄悄溜进了工地，将已接近完工的宫殿大门槛的一头锯下来一段。次日清晨，蒯祥来到工地的时候，发现了这件事，便大吃一惊："工期将至，已经没有可以重建的同样材料，这该如何是好呢？"

要知道在那个年代，如果出了这样的事情，肯定是要掉脑袋的。就这样，蒯祥的处境一下子变得危险，旁边的人都暗自为他感到紧张。此时的蒯祥觉得着急没有任何用处，还不如想办法设法弥补，关键是消除这突来的危机。

经过深思以后，蒯祥忽然想出一个别样的办法。于是，他将门槛的另一头也锯短一段，这样两端就有了相同的长度。同时，在门槛的两端各做一个槽，这样一来，门槛既可装也可拆。他还准备在门槛的两端各雕刻一朵牡丹花，不仅可遮掩两端的槽，还能使门槛色彩鲜艳。

工程完工的那一日，明成祖亲自带领文武百官来验收工程。当他看到宫殿的门槛是活动的，比固定的门槛更加方便，并且那朵牡丹花格外耀眼，于是，大大赞赏了蒯祥。

可以说，蒯祥当时已置于将失去生命的危机中，但是靠着他的聪明和才智，最终化危机为契机。这一巧变，不仅保住了自己的脑袋，还在我国的建筑史上留下一段佳话。

如此看来，可怕的并不是危机的到来，而是自己对其存有的恐惧、害怕等。所以，在面对危机时，我们必须振作精神，冷静思考，力争找出问题的根本点，并就由此入手，从而让自己实现新的飞跃。

通常那些伟大的成功人士具有一种勇气，那就是面对不利的局面从不怯场，而是利用所有可以利用的条件，掌控大局，让不好的变为好的，让危机变为契机。

在杭州的"山水人家"小区里，很多私家车停在那里，但是让大家意想不到的是，有一天，多辆小汽车在瞬间惨遭毒手，被利器划得满目疮痍。

车主们非常愤怒，很快就有人报了警。后来，相关调查人员将小区的监控录像调了出来，大家看到竟然是一大一小的两个孩子所为，大的好像是个小学生，小的不过才上幼儿园，只见录像上显示，他们是边走边划。

后来，警方介入了调查。与此同时，网络和第二天的报纸上也对此事进行了报道。次日下午，突然有一位妇女打来电话说，是她的孩子划伤了汽车。

这位妇女也住在那个小区，在网上看到所住小区的车子被划伤的帖子以后，认出了录像里的大孩子是自己的儿子，而小的是她同学的孩子。于是，她意识到这件事情的严重性，在经过冷静思考以后，开始进行处理。

她先是打电话给派出所，承认是自己的孩子划伤了汽车，并表示会承担所有的责任。到了晚上儿子放学以后，她便开始询问儿子，儿子低头不语。于是，她对儿子说："你是男子汉，是你做的，就要勇于担当。"

后来，她的儿子承认了此事。于是，她又问儿子："如果你的折叠车被人划伤，你会难过吗？"她的儿子回答说："难过！"然后，她说："你知道吗？人家的车都是花很多的钱买来的，你说人家会不会难过？"儿子连忙说："妈妈，我错了！"

接下来，这位妇女便打印了一封致歉信，向车主们表示歉意，同时表示会出所有的修理费用等。另外，还将致歉信在小区门口等处张贴。后来，她又联系了一家信誉很好的汽车修理厂为车主们修补汽车划痕。

紧接着，她领着自己的儿子挨家挨户地向车主道歉，并且让儿子亲自摁响房门。每到一家，她的儿子就会说："对不起，我不知道划车的后果这么严重，请你们原谅我。"车主们都原谅了这个孩子的行为。但是这位母亲依然告诉儿子说："叔叔阿姨很包容，原谅了你，但你永远要记住，千万不要把别人的包容当成自己犯错的借口，你要敢于担当，懂得感恩，懂得负责任。"

这样一场大的危机，这位母亲却处理得如此果断、如此勇敢。她带着儿子成功地化解了一场危机。作为孩子的母亲，她一直没有将责任推卸出去，更没有逃避、退缩。

最后，她圆满地解决了这件事情，车主们也很满意。最关键的是，她的儿子真正认识到了错误，不仅学会了担当，而且还获得了原谅。

所以，在实际生活中，我们要勇于改变危机，发现隐藏其中的契机。总而言之，只要我们将掌控全局的方法掌握于心，就能够将负面的变局化为正面的转机，从而跨越逆境，重新开始。与此同时，对于我们的智慧和才能，也将获得一个很好的锻炼机会。

■ 在冷冬中坚守，总有春暖花开的时候

每一个黎明必须要经历黑暗之后，才能迎接灿烂无比的光明。正是因为有了黑暗，光明才显得如此珍贵，探寻光明的道路才显得那么有价值。我们的人生也是如此。苦痛，是我们实现梦想道路上必须经历的，因为经历了痛苦的折磨，因为追求梦想的道路无比艰难，梦想才显得那么伟大。因为痛苦的侵袭而放弃希望的人，最终只会被痛苦所吞噬。相反，那些耐得住眼前的痛苦，能在痛苦中看到

希望并孜孜以求的人，终究会看到梦想的色彩斑斓。

光明和梦想是美好的，但是探索的过程却无比艰难。很多时候，我们只看到了别人幸福的生活，却总是无法看到其中的艰辛。我们只是看到别人成功的荣耀，却总是忽略他们经受的苦难。殊不知，如果没有不懈地努力，没有经历过苦难，怎么能轻易地获得幸福的生活和成功的荣耀呢？

其实，那些打击、穷困、苦难，不过是人生道路上必不可少的磨炼，是黎明前的黑暗。如果一个人能够经受住这样的磨炼，没有被打垮，就会迎来更美好的明天。可是如果一个人选择了逃避或是产生了退怯的心理，那么只能在痛苦中迷失沉沦。

很多时候，困住你的并不是苦难的生活，而是你内心中消极的想法。当你不自觉地将苦难无限地放大，认为它是无法跨越的时候，就会给自己戴上沉重的枷锁。即使遇到很小的困难和挫折，都会一败涂地。可是只要你相信自己，始终保持豁达的心态，那么就可以轻易地跨越苦难。

美国前副总统亨利·威尔逊小时候家境非常贫困，他深深地体会到当向母亲要一片面包而她手中什么都没有时的滋味。但小威尔逊不甘心，他要改变这种情况，以至于日后回忆时，他仍然这样说道："可以说，我一生所有的成就都要归结于我不甘贫穷的心。"

威尔逊 10 岁就离开了家，当了 11 年的学徒工，每年可以接受一个月的学校教育。11 年的艰辛工作之后，他得到了一头牛和六只绵羊的报酬。威尔逊对于每个美分的精打细算，甚至让他在 21 岁之前从来没有在娱乐上花过一分钱。那种拖着疲惫的脚步，在漫无尽头的盘山路上行走，而只为节省一美元车费的痛苦感觉，更让威尔逊从来都未曾忘记。

21 岁生日之后的第一个月，他就带着一队人马进入了荒芜的大森林里，去采伐那里的大圆木。每天起早贪黑，披星戴月，辛勤工作一个月后，他获得了六美元作为报酬。"当时在我看来，这可真是一个大数目啊！每个美元在我眼里都跟那晚又大又圆、银光四溢的月亮一样。"威尔逊事后回忆说。

在这样贫困的环境中，威尔逊没有消沉，没有逃避，反而勇敢地去面对，经得起生活的磨难，经得起严酷的挑战。在 21 岁之前，他已经设法读了 10 本书，而这对一个穷人家的孩子来说，是件多么艰巨的事情！他曾徒步到一公里之外的马萨诸塞州的内笛克，只为了学习皮匠手艺。然而与此同时，一年之后，他竟然在当地的一个辩论俱乐部中脱颖而出，成为其中的佼佼者。后来，就在距他来到这里不到八年的时间，他在马塞诸塞州的议会上发表了反奴隶的演说，引起社会广泛的关注。12 年之后，他与著名的社会活动家查尔斯·萨姆纳齐名，进入国会。最后，威尔逊竞选副总统，终于如愿以偿。

所有的苦难，不过是黎明前的黑暗。这黑暗虽然最可怕，但是它也最短暂，只要跨越了这段黑暗的时光，我们就可以迎接无限的光明。人生在世，我们不能让困难打倒，要和遇到的每种磨难不断较劲，直到有所收获，这才是最正确的选择。当你战胜了它们的时候，此时的苦难就完全成为你前进道路上的助力，就是为下一刻挑战而做准备。

不仅是大千凡人的世界里充满磨难，就连芸芸众生的自然界中也暗存着这样的规律，要不怎会有"宝剑锋从磨砺出，梅花香自苦寒来"的说法？苦难、伤痛是我们人生的财富，我们不仅要"经得起"，更要主动"迎接"，这样才能昂起头来担负人生挑战，迎接美好的未来。

■ 天生你才必有用，总有一个位置为你而留

赖斯可以说是一个完完全全的"草根"，她全然凭借着自身的努力成为美国的国务卿。

赖斯钢琴弹得很好，在她16岁那年，被父亲送进丹佛大学音乐学院学习钢琴，当时她也曾经梦想着有一天自己能成为一名职业钢琴家。

后来，在著名的阿斯本音乐节上，赖斯遭受到不小的打击。"那些年仅11岁的孩子，竟然只看一眼就能演奏那

些我要练一年才能弹好的曲子，也许我不会拥有在卡内基大厅演奏的那一日了。"

在受到"重创"之后，赖斯开始重新设计自己的未来。值得庆幸的是，她找到了自己的新目标——全身心投入国际政治。最终经过一番努力奋斗后，赖斯成为美国华盛顿"最有权力的女人"。

如果拿"国务卿"一职和"钢琴家"相比较，从价值度来讲，两者无绝对的可比性。若从赖斯的角度，两者中哪个更有可能性，判断起来就不是很难。说到底，哪个更有助于赖斯获得成功，就意味着那个位置更适合她。

只有找准自己合适的位置，才能让自己这块金子发光，但是在事情没有到来之前，任谁也无法预知哪个位置是"专门"为自己而留的。也就是说，找到那个真正属于自己的位置，没有我们想象中的那样简单。

有一天，汤姆森所在高中学校的校长找到他的妈妈："我认为，你的儿子可能不适合读书，因为他不具备深层次的理解能力，甚至还赶不上比他年龄小不少的孩子们。"汤姆森的妈妈听完校长的话，很难过也很无奈，不得不把儿子领回家。

一次，汤姆森的妈妈领着儿子上街购物，当他们路过一家正在装修的超市时，汤姆森看到有个人正在超市门前雕刻一件艺术品，这一下子就激起了他的兴趣。于是他凑上前去，在旁边仔细地看着。

从那天开始，汤姆森的妈妈就开始注意到，儿子只要看到什么材料，包括木头、石头等，必然会先琢磨一番，然后再认真地打磨和塑造它，直到雕刻到自己满意为止。为此，妈妈显得很焦急，担心儿子玩物丧志而耽误了学业。

令汤姆森的妈妈失望的是，儿子最终还是不爱学习，当然也就没能考入大学。此时，在妈妈眼里，汤姆森彻底地失败了。汤姆森决定远走他乡，去追求自己想要的一番事业。

很多年过去了，汤姆森通过自己的艰辛努力，终于成为一位著名的雕刻大师。此时，他的妈妈终于明白："我的儿子也很聪明，只是当年我没有认识到，有一个位置是专门为他而留的。"

汤姆森的亲身经历说明了这样一个哲理：现实中有太多的成功，源自找准了适合自己发展的位置，而在不少的失败案例中，不是当事者努力不够，而是他们从来没有考虑过"究竟是否适合自己"等一系列问题。

我们都受过不少的教育和训导：只要坚持努力的方向，最终就会成功。然而，结果往往是将失败收入囊中。其实，汗水也洒过了，辛勤也付出了，努力也坚持了，殊不知，导致最终失败的结果，其根源在于我们选错了方向，也找错了位置。

有人曾经说过："一个人应该知道自己希望做什么，应该做什么，必须做什么。"在漫漫人生之路上，只有相信有一个位置是专门为自己而留，才能找到它。只有找到它，才能确立自己的发展方向。总之，要知道自己的特色在哪里，自己应该坚持什么，什么样的环境更适合自己成长。否则，合适的位置若始终未找到，成功也就只能成为一种奢求。

■ 沸水蒸煮，咖啡的香气才更浓郁

"铁经淬炼才可成钢，凤凰浴火才能重生。"这句话的意思是，逆境与困窘是对人生的挑战，可以锻炼和增强我们的意志力。在战胜困窘和逆境的过程中，经受住了严酷的挑战，也就迎接到了新的希望。

没有始终不惊的大海，也没有永远平坦的大道，人逢于世，遭遇凄风苦雨实属自然，生活有时就像一个大熔炉。不过，经过烈火的煅烧，有人变得软弱，有人变得坚强，有人虽熔化了但却流芳千古。

由于是家中的独女，自小被父母万般疼爱，琳岚就像温室里的花朵一样脆弱，稍有不如意就唉声叹气。父亲意识到琳岚的这个问题，于是一天把她带进了厨房，一堂"生活实践课"从此改变了琳岚。

父亲把三个同样大小的锅装满一样多的水，然后将一根胡萝卜、一个生鸡蛋和一把咖啡豆分别放进不同的锅中，再把锅放到火力一样大的三个炉子上去烧。不到半个小时，在琳岚的疑惑中，父亲将煮好的胡萝卜和鸡蛋放在了盘子里，将咖啡倒进了杯子，微笑地询问琳岚："说说看，你见到了什么？"

"当然是胡萝卜、鸡蛋和咖啡了。"琳岚一头雾水。

"那么，你再来摸摸或用嘴唇感受一下这三样东西的变化吧！"

琳岚虽然疑惑不解，但还是照做了。

这时父亲不再微笑，而是十分严肃地看着琳岚说："你看见的这三样东西是在一样大的锅里，一样多的水里，一样冲的火上，用一样多的时间煮过的。可它们的反应却迥然不同：胡萝卜生的时候是硬的，煮完后却变得绵软如泥；生鸡蛋是那样的脆弱，蛋壳一碰就会碎，可是煮过后连蛋白都变硬了；咖啡豆没煮之前也是很硬的，虽然在煮过一会儿后变软，但它的香气和味道却溶进了水里，变成了香醇的咖啡。"

听了父亲的话，琳岚仍然不解其意，一脸茫然。

父亲接着说："孩子，面对生活的煎熬，你是像胡萝卜那样变得软弱无力，还是如鸡蛋一样变硬变强，抑或像一把咖啡豆，身受损却不断向四周散发出香气呢？简而言之，生活中的强者会让自己和周围的一切，变得更加美好而富有意义。"

一番话后，琳岚终于明白了父亲的良苦用心，从此再也没有对生活消极怠慢过，而是坚强乐观地经受一切考验。

对于弱者来说，苦难是一道难以跨越的门槛，是泯灭意志甚至导致沉沦的深渊；对于强者而言，苦难则是磨炼意志的训练场，是助其成长的必经之路。这正如法国大文豪巴尔扎克所说："苦难，对于天才是一块垫脚石，对能干的人是一笔财富，而对弱者是一个万丈深渊。"

一块足以让人一目了然的金子，必将是在经过熔炼后才能发出熠熠光辉，这时出炉便是功到自然成的结果。《西游记》中的齐天大圣孙悟空，不正是在太上老君的炼丹炉中淬炼才练成了火眼金睛吗？

我们若想在事业上有所建树，想要拥有一片不一样的天空，必须始终相信自己，学会勇敢和坚强，积极迎接各种困难、挑战，不断在实践中丰富阅历，提高能力，始终如一地奋勇努力，直至磨砺出生命的真金。

■ 屡败屡战，老天都不好意思再为难你

对大多数人而言，最糟糕的事情莫过于品尝失败的滋味。面对失败，很多人往往不够勇敢，不够坚强，拿不出面对失败的勇气，心想着：成功怎么还不来？怎么我这么倒霉？哭泣、抱怨、悔恨……

殊不知，消极地面对失败，沉沦于失败的打击中，只会导致我们在相当长的一段时间内难以从失败的心理阴影中解脱出来，变得一蹶不振，结果不知不觉地就会重复失败的老路，永远没有成功的机会。

地球是运动的，你不可能永远处在倒霉的位置，但是必须有足够强大的内心，引领自己走出泥泞的路。要知道，失败并不可耻，你可以败在经验、技巧上，但绝不能败在意志上。一个人可以被毁灭，但绝对不可以被打败。更何况，人生不是你死我活的战场，不必怀着不成功则成仁的决绝，失败不是什么大不了的事情，而是一次自我检视、自我锻炼、自我提高的机会，进而能够完成一次次难得的自我蜕变，成为我们征战成功的资本。

我们知道，再锋利的刀也无法砍断大树，只有用锯子才能一点点地将大树放倒。其实，成功就相当于树顶的果实，如果要我们伐木，再完美、锋利的刀子也不可能办到，有一点缺口的刀子反而更容易些，缺口多了就变成锯子，便可以伐木了。我们人生中的那些失败，就是刀刃上缺失的部分，看似不完整，实则不可或缺。可见，人生需要一些缺口，这些缺口看似不美，但都是帮助我们成功的阶梯。

每经历一次失败，就会多一次收获。因此，遭遇失败时，我们不必整日忧心忡忡，悲观绝望，不妨将眼光放得高远一点，将暂时的失败当作成功的阶梯，这样心灵才不会过于承担重负，为发展积蓄能量，为成功奠定基础。

一个 20 多岁的年轻人意气风发，自主创业举办了一个成年人教育班。他花了很多钱做广告宣传，房租、日常用品等办公开销也很大。但一段时间后，他发现数月的辛苦劳动竟然连一分钱都没有赚到。

年轻人很苦恼地向家人借钱处理了一些善后事情，便整天待在家里不再外出。因为他害怕别人用同情、怀疑，抑或是幸灾乐祸的眼神看自己，整日闷闷不乐，神情恍惚，无法将事业继续下去。

这种状态持续了很长一段时间后，直到他的一位老师来看望他。"这是好事啊，证明你以前的方法不得法，你需要的只是改变方法，重新开始！"老师的一句话犹如晴天霹雳，让年轻人的苦恼顿时消失，精神也振作起来。他开始走出家门，并致力于人性研究。

经过一段时间的努力，年轻人开创并发展出了一套集独特的演讲、推销、为人处世、智能开发于一体的成人教育方式，并且大获成功。他就是美国著名的卡耐基大师，被誉为"成人教育之父""20 世纪最伟大的成功学大师"。

真正的勇士，敢于直面淋漓的鲜血和惨淡的人生。被击倒后不认输，认真地反思自己，再勇敢地爬起来，这是我们正确对待失败的态度。这种人必定内心强大，潇洒自信，离成功也最近。其实，人生怕的不是失败，而是不咸不淡地生活，没有失败，但也不会成功。唯有失败，我们才能找到一个阶段的终点，然后转变方法重新开始。

被称为"领导力大师"的沃伦·本尼斯在撰写其最负盛名的著作《领导者》时发现，无论是政府、民间还是非营利行业的领导者，他们都有三四个共性，其中之一便是：每个人都曾犯过严重的错误，然后反败为胜。

英国《泰晤士报》前总编辑哈罗德·埃文斯一生中曾经历过无数次失败，其中包括他在20世纪80年代中期对《泰晤士报》进行的改革，但他从未在失败中沉沦。对于失败，他曾经说过这样一段著名的话：

对我来说，一个人是否会在失败中沉沦，主要取决于他是否能够把握自己的失败。每个人或多或少都经历过失败，因而失败是一件十分正常的事情。你想要取得成功，就必得以失败为阶梯。换言之，成功包含着失败，失败是有价值的。因此，面对失败时正确的做法是：首先要勇于正视失败，找出失败的真正原因，树立战胜失败的信心，然后以坚强的意志鼓励自己一步步走出阴影，走向辉煌。

的确，人生不在于跌倒的次数有多少，只在于总是比跌倒的次数多站起来一次；不在于有没有遭遇失败，只在于绝不被失败击倒。正如海明威所说："世界击倒每一个人，之后许多人在心碎之处坚强起来。"

遭遇失败的时候，不要整日忧心忡忡，也无须让自己沉浸在悲伤之中，而是要更多地扪心自问一下："我学到了什么""我下一步应该干什么"等。这样每一次的失败都可以成为考验和提升自己的机会。

你是敢于直面淋漓鲜血和惨淡人生的真正勇士吗？从现在开始，强大自己的内心力量，直面失败的打击，重新拾取你的信心吧！相信你这把带有"缺口"的刀，一定能够砍下成功这棵繁茂粗壮的大树。

■ 跳出生命的枯井，哪怕只有一成可能

我们知道，苦是一种状态，而更多的时候，它只是我们心里的一种状态。我们都不希望过苦日子，不希望自己被痛苦给包围。

可是人生不如意十之八九，老天爷时不时就会跟我们开个玩笑，让我们冷不防地和"苦"相遇，被痛苦所俘获。

这时候，如果我们一味地沉浸在苦的生活和痛苦的情绪里，那么我们就会长时间甚至永远走不出这种状态，也就是说苦会伴随我们很久，乃至一生。如果换一种方式，比如我们能够认清眼下苦的境遇，并能够坚持一下，让自己在它面前保持镇定和韧性，那么苦很快就会过去，痛苦的情绪自然也不会折磨我们很久。

说白了，苦就是我们的敌人，如果我们任由其肆意侵

占我们的身心，那么我们就会成为它的俘虏。我们知道这样一句适用于战场的话："不战而降是懦夫。"也就是说，没有人瞧得起不敢与敌人迎战的人，因为那是懦弱者的表现。凡是有血性、有志气的人，总是要全力抗争，哪怕付出血的代价。其实，不仅是在战场，在日常生活中，懦弱、缺乏勇气、不敢与苦难做斗争的人，也会被瞧不起。那些不肯尽全力战胜苦难的人，不明白这样一个道理：苦难的尽头是快乐，正如阴影的尽头是阳光。

多年前，一位名叫洛弗尔的美国人酷爱探险。一次，他与妻子罗娜和孩子开车去沙漠远足，他们没有走安全的大路，而是铤而走险地走了一条小路。

很不幸，他们的汽车刚走出六米就找不到路了。由于事先没有通知别人他们的去向，他们的通信设备又出现了故障，于是陷入没有支援的绝境。可喜的是，虽然洛弗尔一家身处这样的绝境，但他们没有悲观地等死，而是积极地寻找求生的办法。

现实偏偏跟他们作对，他们唯一解渴的东西就是车中冰箱里的冷冻水。但由于车在拐弯时撞到一块有尖角的石头，致使他们的冰箱被碰坏，他们没有水喝了。

尽管如此，洛弗尔和妻子还是没有放弃求生的希望。天气过于炎热，几乎要把人的皮肤烤裂，洛弗尔就让孩子躲在汽车的阴影下，但那里并不多么凉快。后来，洛弗尔发现沙漠里层比较阴凉，便将孩子的身体埋进沙子，用其他东西把孩子的脸捂上。最后，孩子脸上的皮还是被晒破了，身边没有水，洛弗尔夫妇便收集小便，用浸了小便的破布擦拭孩子的脸，以此降温。

接着，洛弗尔和妻子将两条毯子裁成条状，拼凑成求救信号。但是他们明白很难有人看到这样的求救布料，于是卸下倒车镜，借用阳光的反射向空中的飞机发出求救信号。可是，这一切仍然没有用。在极度饥渴、生命垂危的情况下，他们做了破釜沉舟的一举——把轮胎卸下来。他们将胎罩放在地上收集清晨的露水，并点燃备用轮胎作为求救信号，希望空中的飞机能够看到他们。

在不吃不喝、异常炎热的绝境中过了 3 天，终于有抢救队发现了他们的求救信号，把他们救了出来。洛弗尔和妻子虽然历经了生命的险恶，但没有轻言放弃，最终安安全全地活了下来。

正是因为对苦的忍耐和胜利的坚守，洛弗尔最终跨越了在当时看来也许不可能跨越的苦，活了下来。这个故事旨在告诉我们，不要小瞧自己的生命力。其实，每个人的生存意志都很强烈，只要你不放弃，就能在遇到绝境的时候将其激发出来。

不过要注意的是，要想在绝境中化险为夷，就不能消极悲观，而要冷静地分析眼前的不利形势，以寻求最有效的解决危机的办法，否则很可能错过不该错过的机遇。

　　要知道，在生活中，我们不是那么轻易就走进绝境的。很多时候，我们以为自己走进了绝境，其实只是遇到了小小的麻烦。想要顺利地解决麻烦，让自己变轻松，就要善于运用自己的智慧。当然更重要的是，要有耐得住眼下的苦的决心和信心，在时机合适的时候，把自己的智慧变为有效的行动。我们不妨告诉自己：与其在放弃后饱受失败或灭亡带来的痛苦，何不坚持到底，奋力一搏，从而享受成功带来的喜悦呢？

第九章 ○

就算跌落在尘埃里，也要不慌不忙地坚强 ●

> 把人生的成败全部归咎于命运，这是可耻的行
> 为。命运，不过是失败者无聊的自慰，不过是懦怯者
> 的解嘲。人们的前途，最终由自己的意志和努力来决
> 定。我们努力得越超常，获得的也就越丰硕。

■ 自甘堕落才是生命最大的 "残疾"

人生就跟打扑克牌一样，每天每个人都在打自己的牌。
很多人有过这样的经历，原本是满怀信心地要打一副好牌，
赢得漂亮些，无奈天公不作美，抓到手里的却是一副坏牌，
这可怎么办呢？此时，有些人会选择放弃，主动认输或者

坏牌坏打，破罐破摔，然后等待下一次抓牌的机会。

殊不知，上天发牌是随机的，谁能保证下一次的牌就一定是能胜的好牌呢？与其认栽，倒不如超然一点，冷静地面对自己手里这一副差牌以及可能到来的下一副差牌，同时力争打好每一张牌。这既能锻炼自己的能力，如果发挥得好还可以使自己的劣势转为优势，从而使坏牌变为好牌，这岂不更胜一筹？

的确，手中的牌无论好坏，都是我们唯一能够利用的资源，"打好手中的牌"是我们能够做出的最明智的选择。很多人耐不住暂时的坏牌，从而忽略了如何打好手上的烂牌！

艾森豪威尔年轻时，经常和家人一起玩纸牌游戏。一天晚饭后，他像往常一样和家人打牌。这一次，他的运气特别不好，每次抓到的都是很差的牌。开始时，他只是有些抱怨，后来便发起少爷脾气。

一旁的母亲看不下去了，严肃地告诫他说："既然要打牌，你就只能用你手中的牌打下去！"见艾森豪威尔依然愤愤不平，母亲心平气和地说："其实，人生就和打牌一样，不管你手中的牌是好是坏，你都必须拿着。你能做的就是让心情平静下来，然后力争把自己的牌打出最好的效果！"

母亲的话犹如当头一棒，令艾森豪威尔突然之间对人生有了直观的感悟。此后，他一直牢记母亲的话，并以此激励自己努力进取、积极向上。就这样，他一步一个脚印地向前迈进，成为中校、盟军统帅，最后登上美国总统之位。

人生的成功不在于拿到一副好牌，而是怎样冷静地面对手里的坏牌，并想方设法地打好这一副坏牌。正如印度前总统尼赫鲁所说："生活就像是玩扑克，发到手里的是什么牌是定了的，但你的打法却完全取决于自己。"

纵观古今中外，很多的人生奇迹是由那些最初拿了一手坏牌的人创造的。面对拿到坏牌的委屈，他们冷静接受，超然待之，让自己拥有打好坏牌的决心和信心，所以能突破重围，使问题迎刃而解，并最终获得成功。

有这样一个日本年轻人，他身高只有 145 厘米，体重 50 公斤，是一个典型的矮个子。前去日本明治保险公司应聘时，主考官只瞟了他一眼，不等他开口说话，就抛出一句硬邦邦的话："你不能胜任推销员的工作。"是啊，作为一名推销员，谁不希望自己有一副好的形象呢！那些身材魁梧、颜面漂亮的人，在访问别人时肯定容易取得对方的好感，而身材矮小往往不受重视，甚至遭人蔑视，在访问别人时容易吃亏。"为什么我这么差？"他为此懊恼，甚至绝望过。

但是，这一切都没有使这位年轻人退却或者放弃。他认为推销能否成功的关键并不在于一个人的外貌形象，更关键的是引起对方的注意，抓住对方的心。他要向众人证实："我是干推销的料。"想通了以后，他决定以表情取胜。为了使自己的微笑让别人看起来是自然的，是发自内心的真诚笑容，他找了一个能照出全身的大镜子，每天利用空闲时间，不分昼夜地练习。他假设了各种场合与心理，把微笑分为 38 种。

他独特的矮小身材，配上刻意制造的表情，经常逗得客户哈哈大笑，陌生感就会消失，彼此也就能更进一步地沟通了。曾经在对付一个极其顽固的客人时，他用了 30 种微笑才把准客户逗笑。就这样，他拉到了一笔又一笔的保险单，业绩直线上升，被誉为"日本推销之神"，他就是原一平。

原一平又小又瘦，先天不足，横看竖看实在缺乏吸引力，可以说他拿到手的是一幅坏牌，但通过苦练笑容，他用自己的汗水和勤奋、韧性和耐心创造了令人瞩目的成功。他的故事启示我们：当你自身条件差时，不要自卑，更不要消沉，没有一副好牌可打时，打好坏牌照样可以取得成功。

拿到一手好牌的人，不一定能赢；拿到一手烂牌的人，不一定会输。有的人牌并不差，可总在抱怨牢骚，以至于打成最坏的结局；有的人的牌也许并不理想，可经过认真分析、合理组合后，却打出了比较好的成绩。如此循环下去，人生成就可就判若云泥。

谁说不是呢？仲永自幼聪慧、声名鹊起，杨贵妃貌美倾城、富贵雍容，他们拿到手的算是一副好牌，可是一个没落、一个惨死;《荷马史诗》的作者荷马是个盲人流浪者，海伦·凯勒耳聋，不会说话，也看不见，有谁比他们摸到的那副牌更糟呢？可是，他们以自己坚强的意志力，以不向命运屈服的信念，获得了巨大成功。

所以，当我们不幸拿到不好的牌时，比如生在一个普通人家、容貌平平、记忆欠佳、缺乏眼界和财力，甚至可能更糟……尽管我们有理由失望或者抱怨，但却没有理由不继续玩下去、走下去。此时我们能够做的或者说应该做的，就是耐得住一时的"下"，调整心态，把一副坏牌当成一副好牌来打。

胜利与失败是实力上的较量，同时也是心智的比拼。努力把一副坏牌打好，竭尽全力地控制牌势，不使它朝着更坏的方向发展。这等智慧与气度，往往能够出奇制胜，反输为赢，开创出生活的另一番局面。

■ 谁把自己视作二等公民，谁就得不到一等尊重

我们每个人都想成就一番事业，要实现这一目标，就需要先懂得"凡事应靠自己"这一道理。应该说，在人的一生中，自己是最大的依靠。只有成为一个名副其实、真正掌握自己命运的舵手，未来才会有希望，获得成功。

在《聪明的笨蛋》一书中，作者讲到了自己从小是一

个不被教师看重的孩子，就连他长大之后，还曾经两次被公司领导辞退过。令他甚感困惑的是，为何他如此努力，却仍旧一事无成。

他曾经为此否定过自己，在内心做过激烈的挣扎。并且在那个时候，他甚至还被别人称为"精神病"。然而，他的内心深处始终有一个声音在呐喊——靠自己坚持下去。正是凭借这样的信念，面对失败，他一次次顽强地撑了过去，其间确实遇见了几位不错的老师。另外，在妻子的鼓励下，他最终如愿取得了心理学博士学位。

在他54岁那年，他终于理解了"学习障碍"这个名词，知道了他之所以受如此多的苦难的缘故，并以自身艰难的经历给予身边很多人以帮助。

该书作者的经历告诉我们：只要自己拥有十足的信心和顽强的毅力，困难终究会被战胜。他正是凭借这种精神克服了各种障碍，当然这不是别人所能给予的，因为靠谁都不如靠己。

泰戈尔曾经说过："顺境也好，逆境也好，人生就是一场面对种种困难无尽无休的斗争，一场敌众我寡的战斗。只有笑到最后的，才是真正的胜利者。"可以说，在信念的驱使下，在拼搏精神的照耀下，没有跨越不过去的山、迈不过去的坎儿。当然，我们需要摒弃世俗的观念和他人的嘲笑，在征服掉一个又一个的困难后，再蓦然回首，就会幸福地为自己获得的成功而流泪。

残缺并不可怕，可怕的是残缺后失去对生活的希望，从而成为一个一无是处的人。的确如此，你若把自己当作二等公民，又怎么可能获得尊重，获得成功呢？只有勇于忽视自己的残缺，跟命运作顽强斗争，用行动来填补残缺，才能创造出令世界都为之震撼的奇迹。

英国人艾莉森·拉佩尔天生残疾，从出生之日起她就没有双臂，双腿也特别短小，看上去太可怕了，这是一种名为"海豹肢症"的先天残疾。出生后几周内，拉佩尔被母亲送到"残疾人之家"，一两岁的时候她开始意识到，自己已经被父母抛弃。但拉佩尔没有丧失对自己的信心，丧失对生活的向往，相反这更加激起了她对生命、对美好的渴望。

拉佩尔3岁时就开始学着用自己并不正常的脚摆弄画笔工具，到16岁时，她用脚创作的绘画作品已经能够在当地的绘画竞赛中获奖。17岁时，拉佩尔在一家残疾人评估中心接受各种生活及职业训练，比如骑马、学习艺术，以提高在社会中的适应能力。19岁时，拉佩尔已经有能力独立生活了。之后，拉佩尔进入布赖顿大学艺术学院学习，她开始了一项新工程：以自己的身体为原型进行艺术创作。通过摄影、绘画，拉佩尔用不同方式展现自己并不完整的身体。

凭借超凡的努力，拉佩尔成为了一名著名画家和摄影家，改变了自己的命运。用她的话说，她的目的就是让整个社会了解："残疾就一定与美丽无缘吗？它不可以让人们产生除了'厌恶''怜悯''同情'之外的感受吗？我正在向世界展示：答案是否定的，美存在于一切事物之中。"伦敦市长肯·利文斯顿则这样形容拉佩尔："艾莉森展示给我们的是与命运的抗争。这是一件关于勇气、美丽和抗争的作品，艾莉森是现代社会的女英雄，坚强、可敬、给人带来希望。"

艾莉森·拉佩尔虽然身体残缺，但她并没有因此沮丧，而是平静地接受了自己的残缺，并且对生活充满了热情，最终她成为了一名著名画家和摄影家，改变了自己的命运。她用残缺向世人展示了不残缺的梦想，这是一曲用残缺震撼灵魂的赞歌，将永远回荡在人们心中。

面对身体的残缺，我们不必为此痛哭流涕，怨天尤人，更不能自暴自弃，失去生活的信念。最好的办法就是坦然接受，不把自己当成二等公民，只要拥有信念和一颗上进的心，就一定能获得人们一等一的尊重。

■ 出身只是事实，并不决定你的未来

很多时候，生活并不公平，上天眷顾的人似乎只是少数，而我们只是大多数中的一部分。就像有人从小到大一帆风顺，老天似乎对他们一路绿灯，但有的人虽然也很努

力、勤奋，却处处碰壁，更有甚者叫天天不应、叫地地不灵。这种心情只有经历过的人，才能够深刻体会。

遭遇生活的不公时，很多人无法适应，不甘心接受这种待遇，轻则可能心情沮丧、灰心丧气，重则可能整天怨天尤人、愤世嫉俗，甚至产生一定的报复心理。这些行为或许能够解一时之气，但一点儿实际用处也没有，丝毫改变不了目前的境遇，只是徒然增加自己的烦恼而已。

试想，如果一个人能力出众，智慧超群，却被分在基层工作，这时候多多少少会感到委屈。但若你一边愤愤不平，一边敷衍工作，你还有心思做好工作吗？还会有升职的机会吗？恐怕不能。因为老板会认为你连最简单的事情都做不好，根本不会有责任和能力去做更高级的工作。

既然不公的事实暂时难以改变，做人就不妨超然一点儿，不要在公与不公上过多地计较。放弃抱怨和愤怒，坦然地接受不公的现实，甚至把不公作为生活的挑战，及时做一些更有价值的事情，把精力用在发展能量、提高自己上面，那么早晚有一天，生活会给我们公平的回报。

李明来自安徽的一个贫穷农村，专科毕业后，为了谋生，来到上海一家大型企业做保安。最初，他感到很沮丧，因为在一些人心中，保安的工作是低微的。曾有同学想给他介绍对象，对方"啊"地叫了一声："什么？一个保安？"连要求外来人员出示证件这种例行的工作，他也会碰钉子，"哎呀，你不就是个保安吗？还查什么证件呀"。

这些经历让李明感觉自己不被尊重。看着自己寒酸的衣装、老土的打扮，再看看那些衣着整洁、气质不凡的公司白领，他一度眼红，并有些不服气地问："命运为什么这么不公平？凭什么他们走进这么好的公司，在干净优雅的办公室里办公，而我却要站在风里雨里站岗？难道我真的只能做站岗的工作吗？不行，我要努力缩小与这些人的差距，总有一天也要成为一名白领！"

之后，李明利用所有的闲暇时间充实自己。他利用休息时间攻读英语、经济管理、社会心理等课程。由于什么都是从头学起，李明学得很拼命，就算是坐火车回老家时，他也拿着书在看。有时看到周围的队友业余时间在看电视、打篮球，他心里痒痒的，但一想起别人说的"你不就是个保安吗"，就会咬牙学下去。

就这样，"潜伏"了近三年，李明通过成人高考考上上海师范学院的经管系。于是，他一边工作，一边学习。通过几年的认真学习和实践锻炼，他的个人能力得到提高，并以全班第一的优秀成绩毕业。一毕业，他就被一家大型企业录用了，月薪比保安工作翻了好几倍，已经是一名真正的白领了。

出身贫困，没有学历、关系，李明面临了太多的不公平，但是凭着自己的勤奋与坚持，他取得了令人瞩目的成功。这个事例告诉我们一个道理：别总抱怨生活的不公，努力地反抗它，最终会赢得公平和胜利。

面对生活的不公平，每个人因为自己的修养、意志、胸怀、境界的不同，会有不同的态度，做出不同的反应。正是这种不同，造就了一个人和另一个人、一些人和另一些人的不同人生。换句话说，一个人生活的未来和成长的实现，主要取决的不是他如何面对公平，而是他在不公平的环境中有怎样的表现。

所以，上帝待人是公平的，可能会给你一座高山，但高山过后，会送给你饱经风霜磨炼后的坚强意志；可能会给你一处暗礁，但暗礁之后，也会送给你一些美丽的浪花。既然如此，我们何必对不公耿耿于怀呢？

■ 痛苦与快乐，从来没有界限

如果面前只有半杯水，乐观的人会高兴地说我还有半杯水，悲观的人会绝望地说我只有半杯水了。这虽是一个快被人嚼烂了的段子，但里面所蕴含的道理却永远不会变。世上很多事情没有标准的好与坏，只在于人们怎么看。

有位心地十分善良的大好人死后，天使带着他来到上帝面前，接受审判。上帝先是问天使这个人在人间的所作所为，天使说："他行善积德，是再好不过的一个人。"

上帝说："那么，我要奖赏他以后永远幸福！"

天使说："那就把他带上天堂吧。"

"不，"上帝说，"让他再去人间生活！"

一个心地十分歹毒的大坏蛋死后，天使带着他来到上帝面前。上帝也是先问天使这个人在人间的所作所为，天使说："他无恶不作，是再坏不过的一个人。"

上帝说："那么，我要惩罚他以后永远痛苦。"

天使说："那就把他打入地狱，让他永不得超生吧！"

"不，"上帝说，"我要让他再去人间生活！"

天使不解地问上帝："上帝啊，人间到底算是幸福的好地方，还是痛苦的坏地方呢？"

上帝说："对于好人来说，人间就是他们的天堂，因为他们每天都怀着一颗善良的心来对待别人，所以他们感到生活中充满了无限的欢乐。而对于那些坏蛋来说，人间就是他们的地狱，因为他们每天都怀着一颗歹毒的心来对待别人，所以怎么可能不感到生活中充满了无限的痛苦呢？"

看完这个故事后，心里不禁为之动容。正如上帝所说，倘若我们善良地去对待每一个人，这个世界将会被我们的爱心所照耀。世界的每一隅都存在着照人心怀的温暖，那么这个世界必然美于天堂。但倘若人人心怀恶意地对待每一个人，这个世界必然处于一片冰冷的黑暗之中，处处冰人刺骨，令人心惊胆战，那么它必然是人间地狱。

人间的苦与乐，有些时候就摆在我们的面前，只看我们如何去选择，如何去面对。这个世界里，没有别人，有的只是我们内心的反映。当我们善良时，这个世界便善良可人，这样人间的痛苦也会变为快乐。当我们邪恶时，这个世界便邪恶歹毒，这样人间的快乐也会变为我们为之愧疚的痛苦。一切皆在我们眼前，只看我们如何选择。

有些人能把在别人看来的痛苦，变成一种自己乐于享受的快乐。这是因为他们不仅心怀善意，而且也有一颗饱含努力进取、乐观向上的心。在生活中，人人都会有痛苦，但就在于我们如何去看待。倘若换个角度，学会苦中作乐，忆苦思甜，努力地去做事，那么不久的将来，你会感激这些痛苦，是它激励着你，让你走向成功的巅峰。其实这一切，决定于你选择怎样的态度去面对。这个世界没有别人，有的只是你内心的反映，你内心的选择。

有一个年轻人，结婚几年一直过着清贫的日子，和妻子一同经营着一家店面极小的快餐店。一家三口住着租赁的房子拮据度日，起早贪黑，一日的时间不是在快餐店打理，就是骑着电瓶车奔波在往返快餐店与家的路上。在他人的眼中，年轻人这样既费心又费力并且挣钱不多的生活，是很难令人敬畏的。但年轻人从未在别人面前袒露过一丝的不悦，反而还每每抽出时间邀朋友去他家做客，看得出他是一个快乐的人。

　　一日，他又邀朋友去他家做客。他的朋友刚进门没多久，他就开门见山地跟朋友提起要在大学城租一家店面开照相馆，其租赁费当然价格不菲。看年轻人的表情，毫无寻求意见的意思，朋友为他隐隐地担忧，说："租赁费昂贵不说，就是设备上也要投资不少，而且你现在还租着房子。眼下买上自己的房子是正事，万一开照相馆赔了钱，不仅苦了你，更重要的是苦了孩子，从出生到现在都跟着你租房子。"

　　虽然说的是真心话，但说完这话，他的朋友就有点后悔了，因为从年轻人的表情上看他要送客，也表明年轻人已经做出了决定。原本他想自己的朋友能给予支持，没想到却被泼了冷水。

　　后来，年轻人果真开了照相馆。不得不说，他很有远见，独具眼光。大学城里的照相生意办得风生水起，每到毕业季，忙得不可开交。又挨过了几年的穷苦日子，现在的他已经拥有了自己的婚庆公司。

　　痛苦与快乐，哪里有什么界限？就算你眼前看到的是苦难，也选择了将它当作痛苦去对待，但谁又能阻止你改变自己的选择呢？年轻人坚持做自己，坚持自己的选择，所以才能将自己的生活过得风生水起。

　　滚滚红尘，有些人能在快乐中度过一生，有些人却在痛苦中度过。只看你如何选择，是选择做一个心地善良、努力进取的乐观者，还是选择做一个心地歹毒、慵懒堕落的悲观者。苦乐就摆在你的眼前，一切在于你自己的选择。

■ 别人越是泼冷水，你越要让自己热气腾腾

在繁杂而忙碌的生活和工作中，我们难免会受到各种各样的折磨：敌人的百般打击、上司的百般刁难、同事的冷嘲热讽、朋友的风言风语……其实，这些表面看起来让我们饱受折磨的人，其实往往也是我们的贵人，因为他们这样做是在逼迫我们成长。

成功学大师卡耐基说："一个人在饱受对手折磨的背后隐藏着未来的成功，所以，敌人是促进你取得成功的动力源。"这是因为我们往往在敌人的折磨和冷嘲热讽下，被激发起昂扬的斗志，被磨炼出顽强的意志，因此，我们的才能会更加快速地成长、成熟。有时候，任何学习都比上一个人和敌人较量的时候学得迅速、深刻和持久。在这个过程中，人们可以更直接地了解平时碰触不到的东西，获得与平常不同的锻炼。所以，生命中的每件事情都可以让我们提升自己，拥有实现自我的机会。生活中的苦难和折磨，却能让我们更好地认识自己，尽快成长。

不妨回想一下，人生中真正促使我们进步、成功的，

往往不仅仅是本身的能力，不仅仅是朋友和亲人的鼓励，更多的时候是你的对手和折磨你的人激发了你的潜力。如此说来，我们在对待折磨自己的人时，不妨怀着感恩的心态。这时候无论背负着怎样的创伤和磨难，我们都不再是一个心怀怨恨、悲观消极的人，而是不断进步、不断实现自我的赢家。

维克多·格林尼亚生长在一个家境优越的环境里。对于这个聪明、可爱又调皮的儿子，父母非常溺爱，以至于在他们的娇惯下，维克多·格林尼亚养成了很多的不良习惯。渐渐长大的他，成了远近有名的花花公子。

维克多·格林尼亚21岁那年，参加了一个上流社会举行的舞会。在此次舞会上，他发现了一位气质非凡的女孩，不由得心跳加速，心生爱慕。于是，他上前邀请这位姑娘与他共舞，没想到却遭到了拒绝："请离我远一点，你这什么都不会的人渣！"

自己盛情的邀请换来了这么一句话，维克多·格林尼亚非常伤心，但同时也让他受到强烈的刺激。从那一刻开始，他下定决心要创造一番成绩出来。

不久之后，维克多·格林尼亚便离开了家，独自一人来到法国里昂。一切从新开始，他彻底地告别了以前的生活，开始刻苦学习。经过多年的努力，他考进了里昂大学，并在1901年以《格氏试剂》获得了博士学位。

皇天不负苦心人，在格林尼亚离家出走八年之后，他终于创造出一番成绩出来。1912 年，他发明了格氏试剂，对当时有机化学的发展产生重要的影响，并获得了诺贝尔化学奖。这一消息很快便传开了，维克多·格林尼亚收到了来自世界各地的祝贺信。在如同小山一般的祝贺信里，有一封信的内容最为特殊："格林尼亚，你真是一个大有作为的人，我永远都会敬爱你！"末尾的署名，正是那个曾经在舞会上骂过他的女孩子。

　　看完信后，维克多·格林尼亚思考了一会，便提笔给女孩写了一封回信："你知道吗？我之所以能有今天的这番成就，有一部分功劳是属于你的，正是由于你在那次舞会上的破口大骂，让我醒悟过来了！你也许不曾想到，正是这句话让我从你的身上获取了决心，从而创造出了一番成绩。所以现在，我要对你说一声'谢谢'！"

　　如果没有那位不可一世的女孩的毫不客气的一骂，维克多·格林尼亚或许将一直停留在花花公子的状态，也就永远无缘诺贝尔奖了。可以说，维克多·格林尼亚是一位被骂出来的获奖者，他的荣誉和成就是那位所谓的"仇人"所激励、造就的。

　　很多时候，折磨是我们不断改善自己的动力，是通向成功的阶梯。只要我们看到折的磨积极的一面，便能够从别人的折磨中走向成功。从心理学的角度来说，当一个人受到的打击超过自己的心灵所能承受的限度时，他就会爆发出一股力量，驱使你向别人证明："我能够成功！"所以，我们应该感谢那些在生活中折磨过自己的人。

其实，很多人的成功与他们懂得感激那些折磨自己的人有着极大的关系。在某种意义上，我们永远不要试图消灭对手，而应该乐观看待对手的强大和优秀。正如希腊船王欧纳西斯所说的："要想成功，你需要朋友；要想非常成功，你需要敌人。"

感谢那些在生活中折磨你的人，这并不是阿 Q 式的精神胜利法，也不是向别人屈服。折磨往往会让我们磨炼自己的意志。当我们想要放弃时，会抱着坚持下去的信念；当我们面对苦难时，会滋生不服输的精神。

如果说对你好的人是在帮助你成长，那么折磨你的人则是在逼迫你成长。既然如此，我们为什么不感谢那些折磨过自己的人呢？

■ 抢救距离出口最近的那幅画

每个人都有这样一个错觉，那些够不着的才是最好的，那些得不到的才是最美的。在这种错觉的左右下，我们总是不停地仰望，不停地寻找。于是在这个过程中，我们仰望着那些够不着的美好，错失了那些近在眼前的东西。

其实，仰望那些够不着的东西，是一种痛苦、煎熬，更是一种愚蠢的行为，因为最终你会失去所有。

法国一家报纸曾举办过一次智力竞赛，其中一个问题是这样的：如果法国最大的博物馆罗浮宫失火，你只能抢救一幅画，请问你会抢救哪一幅？在成千上万的答案中，法国著名作家贝尔纳获得了最终的胜利。他的答案是："抢救距离出口最近的那幅画。"

是啊，虽然罗浮宫的藏品珍贵无比，但是即便你知道哪幅画最值钱，最具艺术价值，你就一定能顺利地从火海中将它拯救出来吗？最值钱的，最有艺术价值的，如果我们够不着、抢救不了，那就毫无意义。只有抢救离出口最近的那幅画，够得着的才是最佳选择。

其实，在现实生活中，每个人都可能经历这样的选择，是选择最完美、最好的那一个，还是选择唾手可得的那一个呢？有些人总是想要选择那个最好的一个，却又不愿意放弃最近的那个，于是陷入了矛盾之中，怎么也拿不定主意。结果，在犹犹豫豫中，时间就这样蹉跎了，机会也可能这样失去。要知道，并不是所有的事情都会等待着你做决定，在某些危急时刻，决断只在一念之间，根本没有任何时间让你去思考、去犹豫。如果卢浮宫真的失火了，你还有时间斟酌、犹豫呢？

树梢上的果子虽然又红又大，可是我们看得见却够不着；树梢下的果子虽然没有那么红，却是唾手可得。愚蠢的人，总是在果树下徘徊，想要够到树梢上那颗，够又够不着，走又不甘心，只能陷入纠结和矛盾。可是聪明的人，够不着就会想办法，实在够不着就会选择靠近自己的果子，然后毅然离去。所以，人生中的最好选择并不一定是最好的，而是能够够得着的那个。

成功学大师拿破仑·希尔小时候是个做事犹豫的人。他总是瞻前顾后，舍不下这个，也丢不下那个。直到有一次，一件事情彻底改变了他。

一次，拿破仑·希尔在院子里捡到一只小雏鸟，他非常喜欢，打算把它饲养起来。但父母一直都不让他饲养小动物，他担心会被父母臭骂一顿。犹豫许久之后，拿破仑·希尔把小雏鸟小心翼翼地放在门口，然后鼓起勇气去和父母"谈判"。

在拿破仑·希尔的央求下，父母终于允许他饲养这只小雏鸟了，可没想到的是，当他兴高采烈地奔出门，打算把小雏鸟带回家的时候，却发现那只可怜的小雏鸟已经被猫给叼走了。这件事对拿破仑·希尔影响重大，他意识到，没有任何事比你眼前的东西更加重要。当你因尚未到来的种种事情而担忧时，可能就会失去眼前最重要的东西。

成年后，拿破仑·希尔在一家报社做记者，他的第一个采访对象就是"钢铁大王"卡内基。在采访结束之后，出于对这个年轻人的喜爱，卡内基提出要给拿破仑·希尔推荐一份工作，但这份工作没有报酬，即用20年的时间来研究世界上的成功人士。同意等于没有钱赚，不同意呢，这是一个与成功人士结交的好机会。同意？不同意？面对这个进退两难的选择，拿破仑·希尔响亮地给出答案："我愿意！我十分确定！"

　　卡内基露出满意的笑容，看着紧握手中的手表："如果你的回答时间超过60秒，将得不到这次机会。我已经考察了近两百个年轻人，没一个人能这么快给出答案。我认可你！"之后的20年的时间里，卡内基带拿破仑·希尔采访了当时许多著名的人物，如爱迪生、富兰克林，他们都是在政界、工商界、金融界等卓有成绩的成功者。拿破仑·希尔根据自己的研究写了一本《成功规律》，这是人们梦寐以求的人生真谛——如何才能成功。此书一上市就被热捧，而拿破仑·希尔也一跃成为美国社会享有盛誉的学者，成为两届美国总统——伍德罗·威尔逊和富兰克林·罗斯福的顾问。

　　卡耐基知道，未来的事情不可预知，只有眼前的事情最重要。所以，他选择了自己能够够得着的，最终也获得了巨大的成功。很多人想要获得更多，想要选中最完美的答案，可是他们却不曾想过，那个选择你真的可以够得着吗？那个最好的你，真的能够得到吗？

与其触摸那些够不着的东西，饱受得不到的折磨，不如珍惜和守住眼前已经拥有的，那些能触摸到的才是真实的存在，才是人生最好的选择。

■ 愿意努力的小人物，最后往往都能逆袭

在每个人的身体里，实际上都涌动着一条梦想和智慧的河流。它是支撑与驾驭我们整个生命的活泉水，可以说，我们的快乐和成功都与它息息相关。

如果说梦想就是我们所站的高度，那么我们每个人的脚下则是平川，只有离开了平地才能往新的高度进发。梦想就是我们前行路上的一盏指明灯，尽管会有不少逆境，但只要我们坚持不懈，努力付出，成功即在眼前。

智慧不是我们的头脑，而是我们原本固有的一种觉知品质。它就如同一根指挥棒，每天都指挥着我们的头脑，一旦遇到不良状况，便会对此做出一种直觉性的反应，这恰恰来自我们的智慧。

总之，梦想和智慧在我们的生命历程中，一样都不可缺，这让我想起了电影《洛奇》。

这部电影里的主人公名叫洛奇，30 岁，他的故事发生在美国东部费城的一个贫民区。洛奇长得体格魁梧，力气非常大，不光是一个黑社会组织的小喽啰，还是一名非

职业拳击手。他经常充当陪打人，有时会连续打四场，但最终总也得不到任何小费。

其实，在洛奇的心里，始终有一个梦想——在比赛的舞台上，能够超越自我。

后来，在一个偶然的机会，美国重量级黑人拳击冠军阿波罗·克里德的对手由于受伤不得不退出比赛。该场比赛的主办人转念一想，想出了一个好办法，决定让洛奇出赛。

因为该比赛项目是专门为了庆祝美国建国两周年而设立的，凡是优胜者即可获得巨款 15 万美元，这样一来，处于贫困状态的三流拳击手洛奇一下子成为各大媒体竞相采访的对象。尽管洛奇觉得自己打不赢对手，但是在他看来，只要能和世界冠军打 15 个回合而自己不被彻底击倒，就算是自己胜利了。

于是，洛奇坚定了这一信念，同时抓紧分分秒秒进行各种相关训练。

由于洛奇天生是个左撇子，勾拳非常好，然而他的右手相比之下，就差得很远了。在教练米基的悉心指导下，洛奇终于练出了一套新的拳路，在好友波里和女友艾黛丽安的鼓励下，他变得信心十足。

到了比赛当天，洛奇便以昂扬的斗志上阵了，很快和阿波罗·克里德打得死去活来。对方总是刻意地戏弄洛奇，但洛奇依然显得沉着冷静，后来虽然被打得满目创伤，但最终坚持了 15 个回合，获得了胜利。

最后，洛奇不仅领到了巨额奖金，还成了人人熟悉的大人物。

洛奇一直想实现的梦想最终得到实现，不仅超越了自我，而且战胜了自我。在这两个方面，他都如愿地做到了。实际上，这部电影更多地反映的是，人人都有梦想，关键是要将机会牢牢地握在手里，然后凭借自己的智慧一步步去努力，只有这样，才能实现自己的梦想，从而凸显自己的人生价值。

1984 年，国际马拉松邀请赛在日本东京如期举行，最终获得冠军的是日本的一位普通选手山田本一，这个结果让所有人感到意外。当记者采访他"你凭什么取得如此惊人的成绩"时，山田本一仅说了一句非常简单的话："我是用智慧战胜了对手！"

也许不少人认为山田本一可能只是出于偶然才获得了冠军，因为马拉松比赛不同于其他比赛，它是考验体力和耐力的一项运动。如果身体素质好，再加上具有很强的耐力，那么夺冠自然会有很大的希望。而山田本一将其归总为源于智慧，大家就会觉得这个理由似乎听起来有些牵强。

两年时间过去了，意大利国际马拉松邀请赛在意大利北部名城米兰举行，代表日本参赛的是山田本一。此次令人没有想到的是，他竟然又一次获得了世界冠军。当媒体再次问及夺冠原因时，山田本一依然说了与上次同样的话——用智慧战胜对手！

然而，这一次，媒体没有在报纸上挖苦山田本一，而是表示对此感到十分困惑。

又过了十年，这个谜底才得以揭开，原来山田本一在他的自传中这样写道："每次比赛之前，我都要乘车把比赛的路线仔细地看一遍，并把沿途比较醒目的标志画下来，比如第一个标志是银行，第二个标志是一棵大树，第三个标志是一座红房子……这样一直画到赛程的终点。比赛开始后，我就以较快的速度奋力地向第一个目标冲去。等到达第一个目标后，我又以同样的速度向着第二个目标冲去。40多公里的赛程，就这样被我分解成了几个小目标，轻松跑完了。起初，我并不懂得这样的道理，我把目标定在40多公里外的终点线上，结果我跑到十几公里时就疲惫不堪了，被前面的那段遥远路程给吓倒了。"

山田本一的成功带给我们这样的启示：再多的坎坷，我们也不能轻易地望而却步，因为每个人的身体里流淌着智慧，要想开启这个智慧，就要动用精力在意识上警觉起来，善于发现并一路跟踪它。

古代庄子曾经这样说过："知识是无限的，生命是有限的，用有限的生命去追求无限的知识，就像流星一样短暂而令人伤感。"其实，这句话的基本大意是：我们每个人所获取的知识总是有限的，如果我们将毕生的精力用于追求这些知识，不如仔细地关注一下自己的意识，设法将自身存有的大智慧挖掘出来，运用到生命价值发挥的行动中去。这样才会将我们自身的潜力、能力及价值最大化，活出真正的自我，让世界看到在梦想与智慧支撑下的我们的人生。

■ 不管曾经做错了什么，都有挽回的余地

著名作家泰戈尔曾经说过这样一句经典的话："如果你因为错过太阳而哭泣，那么你也将错过星星了。"在我们的一生中，事情不会总是那么如意，不如意的事情也经常光临。每逢此时，我们若不能正确面对人生缺憾，让其一直纠结于我们的内心深处，只会加重我们的痛苦和烦恼。

在现实生活中，不少事情过去了，但在我们想起来的时候难免会心生悔意。有时候，我们决定了一件事情会后悔，不做决定也会后悔；对人生中出现的重要人物，遇见了会后悔，错过了也会后悔；一些藏在心里的话说出来会后悔，憋在心里一直不说出来也会后悔……就好像人的后悔和遗憾与生俱来一样，其实在更多的时候，我们需要自己安慰自己：错过了太阳，我们还有星星。

在美国一个小镇的学校中有一个班级，它是由 26 个孩子组成的。

在这些孩子中，几乎每个孩子都曾经有过不好的人生记录，有人吸毒，有人进过少年管教所，还有一个女孩竟然在一年时间里堕胎三次。其实，这些孩子的家长都拿他们没有办法，所以说，教师和学校差不多是将他们放弃了，自然也不抱太大希望。

就在此时，一个叫菲拉的女教师接管这个班。在新学年开始的第一天，菲拉打破了其他教师整顿纪律之常规，而是先让孩子们做一道选择题：

有三个候选人，分别是：第一个人是笃信巫医，这个巫医有两个情妇，不仅有多年的吸烟史，还嗜酒如命；第二个人是曾两次被赶出办公室的人，整天睡懒觉，晚上临睡前总要喝上大概1升的白兰地，吸食过鸦片；第三个人曾是国家的战斗英雄，是素食主义者，从不吸烟，只是偶尔喝点酒，在年轻的时候没有违法记录。

接下来，菲拉让孩子们从中选出一位日后能造福人类的人。可以肯定地说，孩子们都选择了第三个人。可是，菲拉公布的正确答案令孩子们感到惊讶："孩子们，我知道你们一定都认为只有第三个人才有可能造福人类，但是你们这次真的错了。其实，我说的这三个人分别是富兰克林·罗斯福、温斯顿·丘吉尔和阿道夫·希特勒。"孩子们听完老师的答案后，都目瞪口呆。

紧接着，菲拉对孩子们说道："孩子们，你们的人生才刚刚开始，以前的不好记录早已成为过去，并不代表你们的未来。所以，你们快从中走出来吧，学在当下，做自己最喜欢的事情，你们都将成为了不起的人才……"

后来，26名孩子的命运发生了改变，关键在于菲拉的这番话。现在，有的孩子当了心理医生，有的成了法官，有的成了飞机驾驶员，等等。值得一提的是，当年那个最捣蛋的学生罗伯特·哈里森，竟然成为美国华尔街上年龄最小的基金经理人。

在长大以后，孩子们都这样说道："我们原以为自己真的无可救药了，因为所有的人都这么认为。但是菲拉老师将我们叫醒了：过去并不代表未来，过去并不重要，我们把握住现在和将来才是最为重要的。"

每个人的一生中，谁都希望自己要做的每件事都不会是错的，但是在人生路途上，人是不可能不走弯路、不可能不出错的。关键是我们在意识到自己走错的时候，应及时将方向矫正过来，要明白此时有后悔情绪并非异常。从更大的程度上来讲，这种后悔其实是一种自我反省，是自我解剖与抛弃的重要前提。只要是积极的后悔，我们就能走好以后的路。但是若只是纠结于后悔不放，自暴自弃，当然就属不明智之举了。

如果我们没能如愿得到自己想要的东西，千万不要让忧虑和悔恨搅乱我们的实际生活，我们要学着豁达一些、宽容一些，尽快忘记过去，别让过去毁了现在，这才是我们走向成功的关键。也就是说，如果我们将所有的时间和精力都用在回忆过去上，那么就相当于我们在无情地用后悔来扼杀现在。所以，我们每个人要尽快忘记过去，不要活在过去的世界里，这样才能把握住将来的幸福。

其实，即便我们错过了温暖的太阳，但是我们还有月亮，还有星星。有一点很重要，那就是在我们无意间错过了太阳以后，千万不要再错过星星和月亮。只有坚持努力，才可能不会再让遗憾上台重演。

因为一些不该错过的，和我们擦肩而过，自然会产生遗憾。可以说，每个人的一生都会留下遗憾，学业、生活、友谊、事业……一句简单的玩笑，一次冲动的争论，一次不理想的考试，一次不舍的分别，一次生死的抉择，两条不一样的道路，两种完全不同的命运……可以说，在我们的身边，遗憾常伴左右。

愚蠢的人会让遗憾再次出现，聪明的人会尽量避免。人的一生难免有遗憾，难免会无意中错过太阳，要想不再错过星星甚至月亮，就需要我们认清自己、肯定自己，更好地把握现在。只有这样，我们的遗憾才会少一些，才能拥有更多的幸福。

可以说，在这个世界上，没有后悔药可卖，所以我们要把握青春，把握命运。《钢铁是怎样炼成的》一书里的主人公保尔曾经说过这样一段话："人最宝贵的东西是生命。生命对于我们只有一次。一个人的生命应当这样度过：当他回首往事的时候，不因虚度年华而懊悔，也不因碌碌无为而羞愧。这样，在临死的时候，他能够说：'我整个的生命和全部精力，都已献给世界上最壮丽的事业——为人类的解放而斗争。'"

是啊，我们每个人的人生只有一次，每个人的青春也只有一次。永远不要为错过太阳而沉浸在懊悔的情绪里，而是要抓住一切机遇，通过自己的努力，将生活的幸福紧紧握住。只有这样，才不枉我们活在世上一次。

无论怎样，我们都要珍惜现在的生活，珍惜宝贵的现在，踏踏实实过好每一天，认认真真做好我们自己，永远不要为错过太阳而哭泣，因为太阳没了，还有星星，但是万万不可再错过星星。所以，我们要完善自我、提升自我，将生命价值真正地体现出来。

第十章 ○

拼到死，方停止，有一种努力叫死而无憾 ●

人活着，不要只是"迈一生"。我们应该相信，
自己是能够成功的，因为我们生来就是为了成功的。
冥冥之中你这么认定，心底就会有这样的一种声音时
刻响起，只要心中有梦，而且还有矢志不移的行动，
若干年后，你也可能是第二个马云、俞敏洪……

■ 每天进步一点，成功离你也就不远了

无论做什么事情，都要有个循序渐进的过程，质变
的飞跃离不开量变的累积。成功是一个无比漫长的过
程，卓越者之所以成功，平庸者之所以失败，往往不单

单是个人能力的高低，更在于耐心和坚持。成功者往往坚持每天进步一点点——今天比昨天进步，明天比今天进步。

每天进步一点点，听起来好像没有冲天的气魄，没有诱人的硕果，没有轰动的声势，可是今天进步一点点，明天进步一点点，持之以恒，坚持不懈，积少成多，"水滴石穿"的力量不能小觑。

美国颇负盛名、被称为"传奇教练"的篮球教练约翰·伍登，就是坚持"每天进步一点点"的执教之道，引导自己和队员们拥有积极向上的精神面貌，从而实现从平庸到卓越的完美蜕变。

加州大学洛杉矶分校以年薪 120 万美金聘请了伍登，他们希望伍登能够通过高明的训练方法，帮助队员们提升战绩。但是伍登来到球队之后，却没有使用什么独特的训练方法，而是对 12 个球员这样说道："我的训练方法和上任教练一样，但是我只有一个要求，你们可不可以每天罚篮进步一点点，传球进步一点点，抢断进步一点点，篮板进步一点点，远投进步一点点，每个方面都能进步一点点？只要进步一点点，我就会为你们鼓掌。"球员们一听："才一点点，太容易了！"

天啊！这是什么训练方法，负责人在心里偷偷捏了一把汗。不过，他很快就改变了自己的态度，不得不佩服起伍登来。因为在新季度的比赛中，加州大学洛杉矶分校大败其他球队，取得了夸张的 88 场连胜，七次蝉联全国总冠军。

有记者采访伍登时，问道："伍登教练，你被大家公认为有史以来最称职的篮球教练之一。请问，你是如何做到的？"

"很简单，"伍登很愉快地回答，"每天我在睡觉以前，都会提起精神告诉自己：我今天的表现非常好，而且明天的表现会更好。这样不断地对自己进行肯定，自然就能越做越好。我想，队员们和我一样。"

"就这么简单吗？"记者有些不敢相信。

伍登坚定地回答："听起来很简单，但是又不简单。要知道，这句话我可是坚持了 20 年之久！重点和简短与否没有关系，关键是在于你有没有持续去做。如果无法持之以恒，就算是长篇大论也没有帮助。"

……

每天进步一点点，让伍登带领自己的球队取得了一次次的胜利。同样，面对工作和生活的种种挑战，我们无须寄希望自己能一步登天，而应该牢记"每天进步一点点"的理念，每天问问自己："今天，我学到了什么？""今天有没有进步和提高？""今天哪里可以做得更好？"……坚持踏踏实实地前进，每天都学习，每天都进步，那么日积月累之后的效果，将是惊人的。

没有人能够一步登天，有的只是一点点地向前。比起实际行动，决心这个前提也尤为重要。如果没有一颗必胜的决心，那么就很难在以后的日子里坚持下去。

克林斯曼是德国足球队的主力前锋，也是一直深受广大观众喜欢的球星之一，被称为"金色轰炸机"。当记者采访他是如何能够保持状态并取得成功时，他很感慨地说："我不是天赋异禀的球员，论天赋，我不如马拉多纳；论身体，我不如贝利。不过这些都不重要，因为我有一颗上进的心。每次比赛后，我总会问自己还能踢得更好些吗？或是哪些地方是我的不足……"

相信一点：你能在现有的基础上做得更好。

王小莉身材瘦小，貌不惊人，只有大专文化水平，却有幸在一家较有名气的外资企业任文员。刚进公司的那段日子是最难熬的，老板只把王小莉当成一个只会干杂事的小职员，不停地派些零七八碎的事情让她做，从来没有表扬过她。王小莉自知自己学历低，经验少，但她不允许自己的人生这样"惨淡"，于是除了把工作做得周到细致外，她还不断学习，只要有空就认真翻阅琢磨自己所能见到的各种文件。她坚定地相信："只要我每天多学习一项业务，我就是好样的，有一点进步就是胜利。"就这样不断地激励自己，一年后她对公司的业务可以说是了如指掌，自信心也强大起来，这为她进入良性工作做了坚实的准备。

王小莉的自信和专业，让老板刮目相看，不久就提拔她做了秘书，负责公司的日常事务。秘书工作需要协调各组资源，帮助老板处理很多问题，还有很多事情要学，这一切都是她之前没有接触过的。怎么办呢？王小莉报考了职业培训班，风雨不误，每天都会鼓励自己："今天我又学到了新知识，我是好样的，我会越来越棒的，我相信我的职场之路会越走越宽广的。"

事实上，不断进步的过程，就是一个不断肯定自我的过程。今天进步一点点，明天也进步一点点，不断地对自己进行肯定，你就能积累一种超凡的技巧与能力，获得强大的内心力量，获得更多的资源和平台，从而进入卓越者的行列。

成功不是偶然的，是要付出努力的。恰如烧水，99℃的热水和100℃的开水就是不一样。只差1℃也是没开，这不是因为天气太冷，而是火候未到。没有成功，一定是量的累积不够，没有量的变化，哪有质的飞跃？

人生是一个追求比昨天更卓越的过程，若想成为优秀的人、卓越的人，你要牢记"只要努力就值得肯定，有一点点进步就是胜利"的理念，哪怕是一点点的进步，也要肯定自己。坚持下去，不仅能彰显积极进取的美德，而且能积累一种超凡的技巧与能力，使自己具有更强大的生存力量。

■ 孤往无悔，在害怕中依然壮胆前行

很多人羡慕别人不断旅行的生活状态，认为这样才不枉此生，但是如果有人邀请他一同从事旅游，他肯定会连忙拒绝。拒绝的理由很一致，那不是属于自己的生活。不知道他是否想过，怎么样的生活才是自己想要的。

在最初的时候，很多人有自己的梦想，希望能够在这个世界上突出重围，留下自己的足迹。但是事实是，绝大多数人的足迹早已经被设定好了范围，那些不愿意跟随的人最终成了人生的赢家。他们或许没有取得多少钱财或者多高的权位，但是至少获得了自己想要的。凭这一点，这些人的一生就没有多少可以悔恨的了。

很多人羡慕那些背包到处行走的人，但是又有多少人将这种想法付诸行动？曾经有这样一个人，他就读于南开大学，毕业之后没有选择固定的公司上班，而是带着自己的旅行包，踏上了行程。其实，他和众多的刚毕业的大学生一样，对人生、事业十分迷惘，一时间也看不到自己未来的方向。但是大四的一次毕业旅行，让他对世外桃源般的自由生活深深着迷了，从此便一发而不可收。

大学毕业后，虽然他也能够抽出时间进行自己热爱的背包旅行，但总是觉得缺少点什么。而在旅途中受到的三个刺激，促使他从业余背包客到职业旅行家的转化。第一个刺激是在阳朔。当时他第一次接触到那些半年在阳朔开店、半年在外面旅行的人，发现人还可以选择这样的生活方式。第二个刺激是他在巴黎到瑞士的火车上。邻座的一位老人和他聊天时说起年轻时曾经去过的地方，最后感叹人生还有太多的地方、太多的风景值得欣赏。第三个刺激是他在安道尔旅行的时候遇到了一个年轻人。这个年轻人在欧洲已有一年半，每个地方都会待上三个月，依靠打工和赞助来支持自己的旅游费用。这些旅途上的遭遇，让他意识到休假式的旅行只能是走马观花，于是辞去工作，开始了职业旅行生涯。

他在一次采访时说："我从三毛、格瓦拉、凯鲁雅克这些前辈旅行家身上获得了关于旅行的梦想，我想告诉那些走在我身后的年轻人，人生不只房子、车子，应该还有另外一种可能。自由与梦想，虽然看似遥不可及，但只要坚持，就不是空中楼阁。"

在职业的旅行中，他先是兼职打工，后来逐渐开始为媒体供稿。随着网络的发达，一些航空公司以及其他厂商逐渐提供赞助，支持他继续走下去。而他的经历也鼓励着越来越多的有理想和有能力的人去奋斗和尝试。

他的成功，可以看作他这么多年来坚持自己的道路的回报。这种坚持就是一直走自己的道路，即便得到的是旁人无法理解的目光，但是只要坚持下去，成功迟早会到来。其实，规矩只是一种标准、法则和习惯，只知道遵循标准和常理的人，总是规矩的最忠实的执行者。这样做当然可以避免进入很多不必要的误区，但是也注定了要踏着别人的脚印走路。只有走出别人的脚印，自己的人生才会大不同。

但是要想完全生活在属于自己的生活中，走出自己的人生道路，并不是一件非常容易的事情。它是一个艰难的抉择过程，不仅需要智慧，而且需要魄力和勇气。

美国诗歌历史上有一位非常著名的诗人，他的名字叫惠特曼。1854年，他出版了自己的诗集《草叶集》。这本诗集热情奔放，冲破了传统的格律束缚，让当时著名的文学家和文艺评论家爱默生激动不已。爱默生认为这是完全属于美国人民的诗歌。

爱默生的推荐让这本《草叶集》立即获得美国人民的关注，但是惠特曼创新的写法、不押韵的格式以及新颖的思想内容，一时间并不为当时的大众所接受。第一版的《草叶集》并没有因为得到爱默生的赞扬，而变得畅销。

一年以后，惠特曼自己又印刷了第二版。在这一版中，他加进了 20 首新诗，但同样是叫好不叫卖，依然没有多少人买这本诗集。

五年以后，惠特曼准备出版第三版的《草叶集》。在这次出版中，爱默生竭力劝说惠特曼取消其中几首刻画"性"的诗歌，不然这本诗集依然不会畅销。但是惠特曼拒绝了爱默生的好意，他表示《草叶集》是不会删改的。在惠特曼的眼中，被删减过的书是世界上最肮脏的书，因为删减意味着投降和妥协。

结果，第三版的《草叶集》获得巨大的成功。这本诗集不仅风靡全美，也传到了世界各地。

每一个人的成功，其实都是对自己生活的坚持。走在成功的路上，有人质疑或反对并不重要，也无须在意，重要的是自己能否坚持走自己的路。走出一条属于自己的路，活在属于自己的生活中，即使走得慢一些也没有关系，因为这样的人生最终会是真实和美丽的，也是无悔的。

■ 既然向往的是天空，就不要对寂寞妥协

梭罗是美国文学史上一个伟大的作家。

在 17 世纪中叶的美国，梭罗为了过自己想过的生活，选择了一个森林，找到了一个圆木小屋。他在这里生活了

两年多，留下了传世经典《瓦尔登湖》。

在他的笔下，寂寞的森林充满了美感，瓦尔登湖有一种难得的宁静。这种宁静和寂寞，让梭罗更明白人世的名利和纷争是多么的没有价值。寂寞让梭罗体会到了一种难得的美，也让他有了更积极的思考。

梭罗认为，寂寞不等于空虚，虽然有时它们看起来很相似。他通过自己的行动、自己的思考，让寂寞照亮了自己，成为那个时代特立独行的人，并得到了后世更多的理解。

在人海浮沉之余，我们要为自己留一段空白，留一段云淡风清的寂寞。寂寞是一种幸福，是一种享受，更是一种绝美的心境，它能绽放出最美的生命之花。一个人，面对窗前明月，清茶一杯，好书一卷，听一曲清幽古乐，任情思神游，让人生少些浮躁和媚俗，多些平静和安详，这不正是一种绝美的心境吗？

寂寞之人并不意味着不被别人接受和理解，也不代表他的生活会落寞。当我们抬头仰望苍穹时，看到那遨游长空的雄鹰，你会觉得，它是寂寞的。可是你是否意识到，寂寞的雄鹰，却拥有整个蓝天？

寂寞中的人可以寻找到最初想要的本真。通过寂寞，他们可以感受到自己的坚强。当我们学会感受人生的悲喜与无奈，也就更能明白怎样去切换生活的态度。让自己的心灵小憩在寂寞小舟之中，就能享受寂寞、品味寂寞。寂寞不会把一个人湮没，它是一个我们可以休息的空间，调整的空间。我们可以在那里找回很多久违了的感受，重新找到自己心灵的新起点，找回自己生命中最想要的东西。

今年才 25 岁的琳达是个成功的艺术家。当她到某大学演讲的时候，面对大学生询问自己如何成功，她说了这样一句话："享受寂寞。"顿时台下一片惊讶。

琳达看着大家的惊异，平静地说："在我 16 岁时，遭遇了一场车祸，父母不幸遇难，我也因此残疾。16 岁到23 岁，对于一个女孩正是一个黄金时间，然而，就在这个可以尽情地享受着青春的活力、友情的快乐、爱情的甜蜜、生活的美好的重要时间里，我却是一个人寂寞地在轮椅上度过的。在这漫长的七年中，我曾经抱怨过，伤心过，我把自己封闭起来，不与外界接触，从此我的世界里只有寂寞……"

说到这里，琳达平静了一下，继续说道："然而就是在这份寂寞中，我却体会到了人生的真谛。漫长的寂寞让我有足够的时间平复心情，平静的心态让我能够冷静地思考。在思考中我明白了很多道理，我重新客观地看待我的人生，我明白了只要活着就是一种幸福，我懂得了珍惜，懂得了知足。这大概就是所谓的'知止而后能定，定而后能静，静而后能安，安而后能虑，虑而后能得'吧！寂寞，给了我静心思考的机会，让我明白了这些道理，在我明白了这些道理以后，我所得到的就是快乐……"

当琳达说完这些时，台下，响起了经久不息的掌声。

我们为什么害怕寂寞，是因为寂寞在我们的眼中，就等于人生的失败。提到寂寞，每个人都会感到不寒而栗，脑海中还会浮现这样的词语："形影相吊""孑然一身""孤芳自赏"等。这些词语，带给自己的，只有一种被遗弃的冰冷之感。

然而，当我们翻看那些名人的成功史，就能发现寂寞才是成功的催化剂。如果没有寂寞，屈原能完成千古绝唱《离骚》吗？如果没有寂寞，李白能写下那"古来圣贤多寂寞"的千古绝句吗？如果没有寂寞，约翰·纳什能成为当代数学家吗？

寂寞，绽放出最美的花朵。真正的寂寞，是一种高尚的修养，是心灵的宁静，是灵魂的洒脱。正如日本作家川端康成说得那样："我独自一个人时，我是快乐的。因为我可以寂寞着；与人相处时，我发现我是寂寞的，只因为我已经变得很快乐！"

享受寂寞，才能懂得生活的本质。学会享受寂寞的心境，你才能得到生活的真谛。寂寞可以让一个脆弱的人，学会坚强，也能让一个坚强的人变得更从容自信。人只有经历一番寂寞的洗礼，才能让自己拥有更多的不同。

■ 守到拂晓，才能看到最美的日出

很多人曾有过看日出的经历，海边或者山顶是人们最常选择观看日出的地方。要想赶上看日出，通常天不亮就得出发，在寒风中等着第一道光出现。如果等天蒙蒙亮再起来，看到的就不是完整的日出过程了。再者，天有不测风云，有时哪怕你整夜守候，也未必能如愿观赏到美丽的日出。

人生中的很多事情其实就跟看日出一样，你想要看到最美的日出，就必须在黑暗中启程，在寒风中等待，历经苦难的味道之后，才可能迎接到光明。然而有的时候，哪怕你守到拂晓，运气差了一些，也可能只等来一个乌云蔽日的阴天。但不管怎么样，只要能够坚持，总能看到最美的日出。

有个瘦弱的小女孩，从小就喜欢足球，她的梦想是进入国家队。但女孩长得实在太瘦小了，参加市里球队的考核时，各项成绩都不如意，根本连进入市里的球队的机会都没有。

虽然身体素质不行，但女孩并不想放弃自己的梦想。她每天跑去球场，在教练的身边求教练给自己一个机会。

教练起初不同意，后来看她太执着，只好让她做一个替补队员。

女孩任劳任怨地做着替补队员，每天不但主动帮着打扫球场，还帮球员们做洗衣服等杂事。球员们在场上练习的时候，她就在场下一个人练球。等到球员们去休息了，她依然还在球场上不停地练习。教练看着她小小的身影，对她的印象越来越深刻。

一次比赛，主力球员受伤，教练决定给女孩一个机会，他派女孩出场。令所有人意外的是，女孩在比分落后的情况下踢进两球，让球队反败为胜。从此以后，女孩进入了正选阵容，在接下来的几年中不断磨砺实力，终于得到了人们的认可。

要想成为一名优秀的运动员，三分靠天赋，七分靠努力。那三分的天赋，女孩显然是没有的，但是为了靠近梦想，为了观看人生中那场美丽的日出，女孩靠着永不放弃的执着，坚持走过了日出前长久的黑暗。

每个人都想窥探成功的秘诀，因此不断追问那些成功的人，到底如何才能获得成功。而所有的成功者，则几乎不约而同地告诉世人："成功是没有什么秘诀的，不过就是坚持再坚持，努力再努力。"是呀！成功没有捷径可走，选定了目标就要风雨兼程。不论做什么事，勤奋和努力都是必需和必要的条件。想要看日出，就得自己挨过茫茫黑夜，不仅要能忍受风霜雨露，还要能忍受挨过苦难之后或许依然徒劳无功的可能。

有这样一个故事：

在一个小山村里，有一户善良的人家，寡居的母亲带着两个儿子辛苦度日。儿子们长大后都成了勤劳的农夫，娶到了贤惠的妻子，但劳累一辈子的母亲却病倒了。

两个儿子深感痛苦，他们每天努力种田，把所有的钱都用来给母亲买药，可是母亲的病还是不见起色。两个儿子日夜祈祷，终于感动了山里的神仙。神仙偷偷告诉两个儿子一个救命的药方：只要收集东、西、南、北四个村庄的小麦，再从一百户人家要来各种豆子，把这些碾碎加水放入坛子，等到大年初一那一天，下雪的时候把坛子打开，让母亲喝了里边的东西，病就能不药而愈。

两个儿子遵从神仙告知的办法各自准备了材料，在一个大坛子里密封好。可是下一年的初一并没有下雪，老二认为应该立刻打开坛子给母亲喝药，老大却说既然是神仙的方子，就一定要按照神仙的要求，今年不行等明年。结果，老二耐不住性子，心想虽然没下雪，可是日子已经到了，于是急切地打开那个坛子，却发现坛子里边只有馊水，根本就不能喝。

老大一直守住自己的坛子，等着下雪天，这一等就是一年。第二年初一一大早，老大推开门就看到了漫天飞舞的大雪。老大非常高兴，赶紧冲去打开坛子，发现坛子里是一汪清亮的水。他小心翼翼地将水端给病重的母亲，母亲喝下后果然痊愈了，又活了很多年。

有时候，做事缺乏耐心，就如同制药少了一味重要辅料，不仅会极大地影响药的效果，甚至可能让仙药变成馊水。人生中的很多事情其实就像神仙给的这张药方一样，你以为万事俱备，偏偏在最后关头欠了"东风"。如老二这样耐不住性子的人便不愿再等，要么放手一搏，要么干脆放弃，结果却让之前的努力一同付之一炬。

其实人生的成败，三分天注定，七分靠打拼。就如看日出，哪怕你准备得万无一失，早早就守在拂晓之前，若老天爷不给你那三分的面子，来一场阴雨，这场日出便也只能无疾而终。有的人被雨水浇灭了热情，从此或许就再也不想看这场日出了；有的人呢，偏偏和老天爷较上了劲，今天看不成，明天准备好继续，总不信你能天天浇冷雨。

而最终能真正看到日出的，当然是那个能坚持到天晴的人了。所以，想要完成一件事，除了决心和能力，耐心同样必不可少，如果不能坚持到底，再小的目标也难以达成，更别提理想这种人生大目标。

要记住，没有人能够一步登天，成功者都在默默积蓄力量。和他们一样，在机会来临之前，你需要做的是精心准备和耐心等待，而日出终究是会来临的。

■ 坚持下去，生活的转机或许就在下一秒

大学毕业后准备考研的人，通常会发现一个很有趣的现象：在听各种考研讲座的时候，发现有意向考研的人多得令人心惊；等上考研补习班的时候，发现报名上补习班的稍微少了一点儿；等正式进行考研报名的时候，发现人虽然依旧很多，但似乎报名上了考研补习班的人里有不少没有报名参加考试；等到进入考场一看，真稀奇，这前后左右的人居然都没来，直接弃考了……类似的情况在报考公务员、事业单位等时，也可能会遇到。

出现这种现象其实并不奇怪，在现实生活中，当很多人竞争一个机遇时，因为竞争的人太多，每个人的成功率变得很低，许多不愿为不知结果的事白白浪费时间和精力的"聪明人"会直接选择放弃，只有那些有一线希望也要争取、认定绝不会半途而废的"傻瓜"会选择留下来搏一搏。结果在正式"比赛"之前，大部分"聪明人"已经自动离开，导致成功率急剧升高。于是，坚持到底的"傻瓜"，往往成为最后的成功者。

可见，一个人想要成功，真正缺少的不是机遇，而是那种坚持到底、永不放弃的精神。

在经济大萧条时期，众多家庭的收入剧减，很多父母再也没有闲钱给孩子们买玩具、零食和他们喜欢的东西了。这时，一个 12 岁的小男孩认为自己现在应该找一份工作，来增加家里的收入。

他走到街头，四处打听招工的事情，突然在一面墙上看到一则招聘广告：一家零售店想找一名男孩做见习店员。他急忙跑去应聘，到了那儿后，才发现想要工作的孩子真不少，连他在内，总共来了七个。

店主看了看这七个孩子，想了一会儿说道："孩子们，我看你们个个都不赖，但我不能把你们都收下，因为我只需要一个见习店员。怎么办呢？这样吧，为了公平起见，我给你们举办一个小小的比赛，谁的成绩好，我就收下谁。"

见七个孩子点点头，店主在地上插了一根小铁棒，又在离铁棒五六米远的地方画了一条线，然后交给每个孩子 10 颗小石子。"你们依次站在线外投掷铁棒，谁击中的次数最多，我就录用谁。"

孩子们开始争先恐后地走过去投掷起来。但是那根铁棒太小，距离又太远，七个孩子谁也没有击中一次。见天色已晚，店主说："既然你们胜负未分，我就不能决定录用谁。这样吧，你们明天再来碰碰运气吧！"

第二天，那个小男孩来了，他看到了其他两个孩子。"已经有四个人被你们淘汰出局，小家伙们，你们的机遇增加了不止一倍。让我们开始吧！"店主开玩笑地说道。

那两个孩子先后掷完了小石子，其中一个居然击中了一次，他胜利在握地看着即将"出场"的小男孩。只见，小男孩迈着自信的步子，走到那条线旁边，不慌不忙地投掷起来。他掷出 10 个石子，击中 6 次，惊得那两个孩子和店主目瞪口呆。

"孩子，一夜之间，你是怎样变得这么厉害的？"店主吃惊地问道。

"不瞒您说，为了能够赢得今天的比赛，我昨晚练习了一夜。"小男孩一边说着一边揉了揉酸痛的胳膊。

店主听了更为吃惊，说道："孩子，我决定录用你了。你要是始终用这种态度做事，将来一定大有出息！"后来，这个小男孩成了一家国际大集团公司的总裁。

所谓好运，无非做成一件成功概率极小的事。失败者看向成功者，往往感叹于对方的好运，却不知这种"好运"实际上早已在成功者背后不为人知的坚持努力中十拿九稳了。就像掷石子的小男孩，当其他人将胜负的希望寄托于"好运"时，他却用自己的坚持和努力牢牢抓住了机遇，将胜利十拿九稳地掌控在了手里。

人的一生就像挖井，哪怕事先经过严谨的评估，你也不能确定自己挖的这个地方，最后究竟能不能真的出水。很多人挖一会儿发现没有水，便会换个地方继续挖，周而复始下去，或许一辈子挖了无数的坑洞，却没有一处有水出来。有的人则不然，他们可能穷尽一生就只去挖那一口井，直至挖出水。

在历史的长河中，那些名垂千古的人中，许多便是耗尽一生去挖一口井的，如忍辱负重创作《史记》的太史公司马迁，如倾注毕生心血写出传世之作《红楼梦》的曹雪芹等。他们耗费一生的心力，挖了一口名传千古的"井"，成就了一段坎坷却伟大的人生。

那些总是浅尝辄止的人，不论做任何事情，其实都没有坚定的目标，总是渴求快餐一般的成果，却没有丝毫的耐性去坚持、去等待。这样的人不管做什么事情，都是心猿意马，难以成功。

人这一辈子非常短暂，没有太多的精力和时间，让我们不断去尝试，重新开始。想要成功，就必须为自己树立明确的方向，找准一个目标，坚定不移地挖下去，直至成功地挖出水来。很多时候，我们的失败并不是因为找错了目标，努力错了方向，而是因为缺少一些耐性和坚持。或许在我们放弃打算重新寻找目标的时候，成功已经距离我们很近了。或许只要我们再坚持向前走几步，就能拨开乌云，见到我们渴慕已久的太阳。

无论做什么事情，坚持都是通向成功的必备条件，别在走了 19 里之后，放弃抵达成功的最后一里路。时刻提醒自己，再坚持一下，再往下多挖一寸，或许成功的泉流便能喷涌而出。

■ 敢想还要敢做，生命才能与众不同

凡是成功人士，都有一番尝试的勇敢经历。事实上，尝试就意味着探索，探索就意味着创新，创新就意味着有走向成功的可能。也就是说，如果无探索，就谈不上创新；如果无创新，自然就不会有成就。一个人如果不敢想，也不敢做，那么他的人生还有什么意义呢?

在现实中，只有敢想敢做的人，才能勇敢地面对严酷的现实，经受得住挫折和磨难的考验。反之，那些不敢想不敢做的人，是不可能有面对现实的勇气的，更不会付诸实际行动。在人的一生中，如果没有一点儿挫折，就意味着自己会缺失一笔重要的财富。

实际上，一个人光敢想还远远不行，而是要先有目标，然后朝着这个目标前进，有永不停息的坚忍和毅力。当然，敢做并不是胡乱一气，这儿一榔头，那儿一棒槌，需要朝着自己制定的目标行动。总之，只有敢想敢做，才能赢得最后的成功。

有这样一则寓言小故事：

从前有一群小老鼠每天都过着提心吊胆、偷偷摸摸的日子，并且还不断地遭受人们的追打。

其中有这样一只小公鼠，过腻了这种不劳而获的贪图享乐的生活，于是决定过一天人的日子。听它说完，许多老鼠哈哈大笑，笑它这是痴人说梦，想法过于荒唐。于是，其他老鼠们整天躲着它。

这样一来，这只小公鼠非常孤单、寂寞，但始终未曾动摇过自己的理想，决心试试看。就这样，它开始悄悄地模仿人是如何钻木取火、烤制食物的。

经过一段长时间的学习和尝试以后，这只小公鼠终于学会了人类的许多应用技能，甚至还开始练习直立行走的动作了。

唯一令它感到遗憾的是，它浑身都是毛发，并且无法向人类学习字的发音等。但是，对此，它一点儿没有气馁，而是更加刻苦地学习。

小公鼠的一言一行将上帝真正地感动了，于是有一天晚上，上帝托梦给它，只要它经受得住烈火的炙烤，就能拥有脱胎做人的机会。小公鼠对此没有任何畏惧，并且非常果断。在上帝的帮助下，它不仅经受住了烈火的考验，在形体上也变化了很多，而且还会说话了。

后来，这只小公鼠终于变成了人。在他原来的伙伴仍过着暗无天日的日子时，小公鼠已经在人间过上了人的生活，自力更生，自给自足，走在大街上总是昂首挺胸，自信满满。

其实，这则生动的寓言故事告诉我们这样一个道理：每个人只要心不老，敢想敢做，无论怎样，都有改变的可能性。所以，我们千万不可轻易取那些笑看起来荒唐的想法，要知道有时候，荒唐中也会有新的发现、新的奇迹。只有敢想敢做，才能活出自己的精彩。

事实上，不少有创业想法的人是一样的，总会在夜幕降临之后想出很多条可行的路，但一早醒来又绕回到原路。尽管他们能够想出很多创意点子，但最终不能获得成功，是因为他们从来没有执行过，还给自己找来很多种不执行的理由。而那些成功人士却因为敢想敢做，敢于炫出自己的精彩，最终取得了成功。

现实中，我们也容易犯这样的毛病，有想法，但不去付诸实行。其实，我们应该学习那些成功人士大胆炫彩的精神，不让自己的理想止于想象，而是以积极的心态将想法化为行动，并且凭借敢想敢做的韧劲，最终成为焦点人物。

在20世纪80年代，英国牛津大学物理系的迈克博士在学校从教的时候，总会有很多公司找到他，请他推荐一些物理专才。因此，迈克立即意识到，为何不建立一个专门推荐人才的公司呢？

于是，迈克对此特意进行了相关调查，结果表明，市场上的出租行业十分兴旺，几乎什么都包括了。他心想："出租人才的业务还没有被发现，我如果创办这样一家公司，为需要的公司推荐专才，一切问题就能轻松解决，并且还可以从中受益。"

就这样，迈克准备创办一家人才出租公司。他先是租下了一间办公室，同时雇了几名员工。为了宣传，迈克找人在报刊中登出广告："人才支援公司征求和出租各类专业人才，服务时间长短均可，诚信服务，欢迎惠顾。"

广告刊登之后，很快便有不少的人才、专家来迈克的公司注册，有工作的人愿意在业余时间做些兼职，失业者的愿望则是通过迈克的公司重新找到适合自己的工作。迈克吩咐员工详细地记录应征者的情况，并将聘请通知及时地告诉他们。

后来，一些需要专业人才的公司纷纷前来租用专业人员。于是，迈克进行了相应的调配和安排，从而使双方都如愿以偿。就这样，公司很快开展起了这项业务。

现在，迈克的公司已经拥有了六万名各类人才，各个专业都有，可以说，他的公司已经成为有名的人才猎头企业，专业人员通过合适的分配找到适合自己的工作岗位，使自己的才华得以施展。当然，迈克的敢想敢做，让他成为最大的受益者。

迈克的故事告诉我们：敢想敢做，就是拓展自己人生的最佳良药。只有敢想敢做，才能炫出精彩。总而言之，自己要想彻底地转变人生，不能依靠别人，而应靠自己创造出一些新的想法，并且学会如何将自己的所想化为实际。

■ 人生不会因失败而终止，却会因放弃而结束

当遭遇大的挫折时，有人会难过地抱怨，生活走入绝境，自己也陷入绝望。然而，到底怎样才算绝境，人生真的有绝境吗？

其实，所谓的绝境不过是人们的一种逃避方式罢了，这样一来，他们就可以心安理得地不再努力。当他们失败的时候，总是会安慰自己说："我并不是没有努力，而是现在已经陷入了绝境，只是无能为力罢了。"这世界上根本没有真正的绝境，只有失去希望的人。有时候，我们以为我们走进了绝境，其实只是遇到了小小的麻烦。也许在短时间内，无法将麻烦解决掉，但只要不放弃努力，善于运用自己的智慧，那么麻烦终有一天会消失。

人生没有真正的绝境，绝境只存在于人的心中。再艰难的处境，也只是一个过程，终究有结束的一天。面

对这样的处境，逃避和绝望都不是办法。只有不断地给自己信心，在看似绝望的处境中寻找机遇，才能把绝境甩在身后。

文摘《黑人世界》创刊之初，发行量十分不好，业内不少人认为它已经走进了绝境。但文摘的出版商没有放弃希望，最后想到向总统夫人邀稿的办法。一旦总统夫人愿意，那么文摘的发行量一定会翻倍。但总统夫人哪是那么容易请到的，尽管出版商多次发出邀稿信，对方总是以时间太忙、诸事缠身等理由婉言拒绝。

不过出版商并没有轻言放弃，有关负责人一直在等待机会。终于，当总统夫人偶然来到文摘出版公司所在地芝加哥时，出版商又寄去一封邀稿信。这一次，总统夫人不好意思再拒绝了，就给文摘写了一篇文章。

这篇文章迅速扩大了文摘的知名度，而出版商凭借着坚持不懈的态度和精神，很快上升为业界的佼佼者。

总是有文章在歌颂绝境，其实真正值得歌颂的，是勇往直前的魄力和全力以赴的决心。如果没有全力以赴的决心，那么任何一个小挫折都会成为绝境；如果有全力以赴的决心，那么就算挫折再大，顽石最终也会被打磨成一块了不起的美玉。

全力以赴的人，就算陷入低谷，也只是暂时而不是永远的。当某个人获得巨大的成功时，先不要急着羡慕，而是要看看那人都在背后做了哪些努力。

有些人常常把某个结果归结于命运，认为是命运决定成败。越是这样想，就越容易失败。别太依赖命运，努力做自己命运的主宰。当面前横着一条看似过不去的坎时，你不要横冲直撞，尝试着用智慧打倒它。有这样一个故事，或许能为身处挫折中的你带来一些启发。

这是一个寒冷的冬天，海上时常刮起大风。一天，海风把一户渔民的渔船打翻了，渔夫也被海风吹得患上了重感冒。失去了经济来源，债主又找上了门，日子原本就过得紧紧缩缩的渔夫一家，一下子陷入了困境……

当渔夫和妻子苦苦哀求债主再通融几天时，渔夫年仅15岁的儿子一个人走出了家门。临走前，他喝了一大碗姜汤。他去了哪里？原来是他最熟悉的海边。咬咬牙，他将身上的衣服脱掉，将两只鱼篓挑在肩上，整个人冲进了大海。

海水冰冷，寒风刺骨，谁也不知道这个少年到底想要干什么。但是少年心中却清楚得很，他知道自己的家正陷入艰难，父母几近绝望，他想要捕很多的鱼，想要靠这些鱼让家里的情况好起来。

可是，没有渔船，没有渔网，只身下海，怎么捕鱼啊？就在海边的渔民感到奇怪时，奇迹出现了。只见尖尖鱼们成群结队地向少年身边靠拢，有的钻进他的腋窝处，有的聚拢在他的腿弯里，还有的朝着他呼气的嘴巴游过来。少年孩子双腿游在海里，双手在海上海下忙活着，轻而易举地便将尖尖鱼装进鱼篓。

原来，海里有一种鱼叫尖尖鱼，每当寒潮来时，它们就会有很强的趋热性。聪明的少年用自己温热的身体做诱饵，将大量的尖尖鱼吸引过来。

少年不仅聪明，而且很坚强。那么冰冷的海，他说跳就跳，这不是一般人能够做到的。可以说，每一次将挫折打倒，都要付出代价，比如体力上的代价。少年付出了体力上的代价，最终捕到了鱼，将自己的家庭从绝望的边缘拉了回来。

人生没有真正的绝境，只有对处境绝望的人。那些内心绝望的人，会自动屏蔽所有的希望，自顾自地沉浸在绝望的情绪中不能自拔，以至于把自己埋葬在黑暗和绝望之中。困境不会因为你逃避就自然消失，反而会更加侵蚀你的生活和心灵。我们想要逃离，就必须让自己的内心平静下来，从容地面对生活中的困境，然后再积极乐观地寻找解决问题的办法。这样才能慢慢地走出困境，从而彻底地改变自己的现状。

我们的人生不可能只走康庄大路，总有遇到激流险滩和崇山峻岭的时候，难道就因为路难走就停滞不前吗？很多时候，生活中的绝境是我们自己因为恐惧和懦弱而想象出来的，只要微笑地面对生活，不断地努力和坚持，希望总是会出现。

所以，不管什么时候都不要放弃希望，多走一步，也许就会看到不一样的景色。当你身处困境还保持微笑的时候，自然就不会陷入绝境。